Souad Bousserouel

Réalité sur les acides gras polyinsaturés oméga-3 dans vos assiettes

Souad Bousserouel

Réalité sur les acides gras polyinsaturés oméga-3 dans vos assiettes

Mode d'action des acides gras polyinsaturés dans la pathologie de l'athérosclérose

Presses Académiques Francophones

Mentions légales / Imprint (applicable pour l'Allemagne seulement / only for Germany)
Information bibliographique publiée par la Deutsche Nationalbibliothek: La Deutsche Nationalbibliothek inscrit cette publication à la Deutsche Nationalbibliografie; des données bibliographiques détaillées sont disponibles sur internet à l'adresse http://dnb.d-nb.de.
Toutes marques et noms de produits mentionnés dans ce livre demeurent sous la protection des marques, des marques déposées et des brevets, et sont des marques ou des marques déposées de leurs détenteurs respectifs. L'utilisation des marques, noms de produits, noms communs, noms commerciaux, descriptions de produits, etc, même sans qu'ils soient mentionnés de façon particulière dans ce livre ne signifie en aucune façon que ces noms peuvent être utilisés sans restriction à l'égard de la législation pour la protection des marques et des marques déposées et pourraient donc être utilisés par quiconque.

Photo de la couverture: www.ingimage.com

Editeur: Presses Académiques Francophones est une marque déposée de Südwestdeutscher Verlag für Hochschulschriften GmbH & Co. KG
Heinrich-Böcking-Str. 6-8, 66121 Sarrebruck, Allemagne
Téléphone +49 681 37 20 271-1, Fax +49 681 37 20 271-0
Email: info@presses-academiques.com

Produit en Allemagne:
Schaltungsdienst Lange o.H.G., Berlin
Books on Demand GmbH, Norderstedt
Reha GmbH, Saarbrücken
Amazon Distribution GmbH, Leipzig
ISBN: 978-3-8381-7020-6

Imprint (only for USA, GB)
Bibliographic information published by the Deutsche Nationalbibliothek: The Deutsche Nationalbibliothek lists this publication in the Deutsche Nationalbibliografie; detailed bibliographic data are available in the Internet at http://dnb.d-nb.de.
Any brand names and product names mentioned in this book are subject to trademark, brand or patent protection and are trademarks or registered trademarks of their respective holders. The use of brand names, product names, common names, trade names, product descriptions etc. even without a particular marking in this works is in no way to be construed to mean that such names may be regarded as unrestricted in respect of trademark and brand protection legislation and could thus be used by anyone.

Cover image: www.ingimage.com

Publisher: Presses Académiques Francophones is an imprint of the publishing house Südwestdeutscher Verlag für Hochschulschriften GmbH & Co. KG
Heinrich-Böcking-Str. 6-8, 66121 Saarbrücken, Germany
Phone +49 681 37 20 271-1, Fax +49 681 37 20 271-0
Email: info@presses-academiques.com

Printed in the U.S.A.
Printed in the U.K. by (see last page)
ISBN: 978-3-8381-7020-6

THESE DE DOCTORAT DE L'UNIVERSITE PARIS VI PIERRE ET MARIE CURIE

Spécialité : Physiopathologie cellulaire et moléculaire

Présentée par

SOUAD BOUSSEROUEL

Pour obtenir le titre de Docteur de l'Université Paris VI

SUJET DE THESE :

Effets des acides gras polyinsaturés n-3 et n-6 dans les cellules musculaires lisses d'aorte de rat : implication dans l'athérosclérose

Soutenue le 23 septembre 2003

Devant le jury composé de :

Dr Laurent Lagrost	Rapporteur
Dr Monique Douillon	Rapporteur
Dr Alain Tedgui	Examinateur
Pr Antonino Nicoletti	Examinateur
Pr Philippe Cardot	Examinateur
Pr Marise Andreani	Directeur de thèse

Je dédie ce travail à ma famille et plus particulièrement à mes parents qui ont supporté au quotidien la génèse de cette thèse !

Vous qui tout au long de ma vie, m'avez enseigné ce que travail, courage, rigueur et percévérance veulent dire. Vous serez à jamais mes guides....

Ne trouvant pas de mots assez forts, j'ajouterai seulement que « là où il y a du blanc, lisez que je vous remercie et vous aime »

Mes remerciements vont d'abord à Monsieur **Gilbert Béréziat et Marise Andréani** qui m'ont accueilli au sein de l'UMR 7079 et pour m'avoir fourni d'excellentes conditions pour réaliser ma thèse.

Je remercie chaleureusement le **P.Marise Andreani** qui a dirigé cette thèse. Je voudrais la remercier pour son enseignement, ses conseils et sa grande disponibilité qu'elle m'a accordée tout au long de ces années.

Un grand merci à Monsieur **Laurent Lagrost** et Madame **Monique Douillon**, qui m'ont fait le plaisir et l'honneur d'avoir accepté d'etre rapporteurs de ce travail.

Je tiens à remercier Monsieur **Alain Tedgui**, Monsieur **Nicoletti Antonino**, Monsieur **Philippe Cardot** pour avoir accepté d'être les examinateurs de ce mémoire.

Je souhaite exprimer toute ma gratitude à mon chef d'équipe **M.Raymondjean** qui m'a toujours exprimé sa confiance et son soutien pour la réalisation de ce travil. Il m'a beaucoup apporté sur le plan technique, scientifique. Non seulement je n'ai jamis essuyé un refus de sa part quand il s'agissait de corriger un de mes écrits, mais bien souvent il s'est proposé de lui-même.

Ma gratitude va ensuite à **Arthur Brouillet** qui a joué un grand rôle dans ma formation. Il a toujours fait preuve de beaucoup de pédagogie. Il a suivi avec attention toute l'évolution de ce travail, et ses commentaires, ses relectures et son enthousiasme m'ont été très précieux. Merci, par exemple, de m'avoir aidé à rédiger les articles, de m'avoir fait partager tes connaissances informatiques et pour tout le reste. J'espere que beaucoup d'étudiants auront l'occasion de croiser son chemin.

Je remercie tout le personnel du laboratoire de physiologie et physiopathologie. Un grand merci à Madame **Brigite Janvier**, merci à **Sylvie Demarez, chantal Denoyelle, martine glorian, claire Monné**, ainsi qu'à Monsieur **Bernard Rothhut**, Madam **Arlette Levy, Claire Jacques, Colette Salvat, Lydie Humbert, Sylvie Thyrion**, Monsieur **Charbel Massaad, Bruno Feve, Francis Bérenbaum**. Tout travail scientifique se construit par de petites collaborations. Une personne apporte ses connaissances du sujet, une autre ses aptitudes techniques, une dernière son soutien moral dans les moments difficiles. J'ai pour cela pleinement profité de la présence et des compétences de chacun. Les publications scientifiques ne retiennent malheureusement que peu de ces multiples interventions.

J'ai côtoyé nombre de personnes qui m'ont aidé à un moment ou un autre. Par exemple Monsieur **Kamen Koumanov** et Madame **Michelyne Breton** de l'unité U538 ainsi que Madame **Athina Kalopissis** de l'unité U505, je tiens également à vous adresser mes remerciements.

Enfin, une pensée émue pour tous les étudiants avec qui j'ai partagé une salle, un café, un repas ou une console d'ordinateur pendant ces trois années. Merci à **Laurent Guillemot, Béatrice Thomas, Nathalie Mercier**. Une dédicace particulière à **Valerie Antonio** ainsi qu'à **Véronique Meynier** pour toutes les discussions et les éclats de rire que nous avons partagé. Qu'elles reçoivent toutes mon amitié.

Sommaire

PARTIE EXPERIMENTALE

RÉFÉRENCES BIBLIOGRAPHIQUES

LISTE DES ABREVIATIONS

AA	:	acide arachidonique
AC	:	adénylyl cyclase
AMPc	:	adénosine 3',5' monophosphate cyclique
ADNc	:	acide désoxyribonucléique complémentaire
ARNm	:	acide ribonucléique messager
ATP	:	adénosine 5' triphosphate
DHA	:	acide docosahexanéoïque
EPA	:	acide eicosapenténoïque
Ets	:	erytroplastosis twenty six
Egr-1	:	early growth response protein-1
b FGF	:	basic fibroblast growth factor
CBP	:	CREB binding protein
C/EBP	:	CAAT enhancer binding protein
CML	:	cellule musculaire lisse
COX	:	cyclooxygénase
CRE	:	cyclic AMP responses element
CREB	:	CRE binding protein
GAPDH	:	glyceraldéhyde-3-phosphate deshydrogénase
GDP	:	guanosine-di-phosphate
GTP	:	guanosine-tri-phosphate
HDL	:	high density lipoprotein
HETE	:	acids hydroxyeicosatetraenoique
HMG-CoA	:	ß-hydroxy-ß-méthyl glutaryl-coenzyme A
IkB	:	inhibitor of kB
IL1β	:	interleukine 1β
LDL	:	low density lipoprotein
LOX	:	lipoxygénase
LPC	:	lysophosphatidylcholine
LPS	:	lipopolysaccharide
LXR	:	liver x receptor
LXRE	:	liver x receptor element
MAPK	:	mitogen-activated protein kinase
MCP-1	:	macrophage colony protein-1
MMP	:	métalloprotéase
NF-KB	:	nuclear factor KB
NO	:	monoxyde d'azote
NOS	:	monoxyde d'azote synthases
PC	:	phosphatidylcholine
PDGF	:	platelet derived growth factor
PG	:	prostaglandine
PGE2	:	prostaglandine E2

8

PI3K	:	phosphoinositides 3-kinases
PKA	:	proteine kinase A
PKC	:	proteine kinase C
PLA2	:	phospholipase A2
cPLA2	:	phospholipase A2 cytosolique
sPLA2	:	phospholipase A2 sécrétée
PPAR	:	peroxisome proliferator activated receptor
PPRE	:	peroxisome proliferator responsive element
Rb	:	rétinoblastome
RCPG	:	récépteur couplé aux proteines G
RXR	:	retinoid x receptor
SREBP-c	:	sterol regulatory element binding protein-1c
Sp1	:	specificity protein 1
TGFβ	:	tumor growth factor β
TNFα	:	tumor necrosis factor α
VLDL	:	Very-low-density lipoprotein
YY1	:	yin yang 1

Un problème de santé publique.

Foie gras de canard, carré d'agneau à la fleur de thym, fondue de poivrons, plateau de fromage, fondant au chocolat, café, liqueur, champagne..... Pour tous ceux que manger fait rêver.

L'alimentation est un sujet intime, qui touche à notre éducation, voire à notre culture de civilisation, et les habitudes alimentaires démentent souvent les discours volontaristes. Les statisticiens sont étonnés du décalage qui existe entre ce qui est recommandé, ce qui est dit, et ce qui est fait.

Il est maintenant prouvé que les deux plus grandes causes de décès en France - maladies cardio-vasculaires et cancers - sont liées à notre façon de manger. Les données expérimentales, épidémiologiques et cliniques s'accumulent et indiquent que des déséquilibres alimentaires interviennent de manière prépondérante dans la genèse de la plupart des états et maladies chroniques associées notamment au vieillissement.

Actuellement, beaucoup de personnes mangent trop : « La ration calorique moyenne est de 3400 calories alors que 2800 calories seraient suffisantes dans la majorité des cas ». L'alimentation est, en règle, trop copieuse, dans une société où les efforts physiques ne cessent de diminuer. Beaucoup de personnes passent une grande partie de leurs journées en position assise : assis devant leur bureau, leur ordinateur, leur écran de télévision, assis devant leur assiette ou, sur le siège de leur automobile. Il en résulte une diminution considérable des dépenses énergétiques qui étaient liées jadis au travail musculaire et à la lutte contre le froid.

La conséquence en est une proportion croissante d'obèses, et ceci dès l'enfance : 10% au moins des enfants sont de vrais obèses. De même, 10% de la population a un surpoids de plus de 70%. Cette pathologie, dite de pléthore, fait courir des risques sérieux à la population, notamment en matière de diabète et de maladies cardiaques. « *Qui mange sobrement jouit d'un bon sommeil et se lève bien en forme ! Un sommeil difficile, des nausées, des maux de ventre, voilà pour les goulus !* » (Le Livre de la Sagesse).

D'autre part, les Français mangent souvent mal : La principale erreur réside dans une alimentation trop riche en corps gras (lipides) surtout en graisses d'origine animale, apportant à l'organisme un excès de graisses saturées. Ces lipides sont ceux qui se déposent dans la paroi interne des artères, et sont à l'origine de l'athérosclérose, cause principale de la mortalité en France. L'alimentation est, en règle générale, trop salée. La consommation moyenne de sel en France est de 12 à 15 grammes par jour, alors que 3 à 5 grammes suffiraient à couvrir les besoins de l'organisme dans des conditions normales. Cet excès de sel est préjudiciable à la santé. Il est responsable d'hypertension artérielle. La consommation d'alcool est trop souvent excessive. Il en résulte une aggravation de l'athérosclérose, du diabète, de l'obésité. L'alcool est, avec le tabac son complice, responsable des 4/5 des cancers des voies aérodigestives supérieures et de l'œsophage.
Les repas des Français sont souvent mal répartis : les repas du midi et du soir sont souvent trop copieux, au détriment du petit déjeuner, qui devrait représenter au moins le quart de la ration calorique quotidienne.

— N'est-ce pas, monsieur Alfred,
ça se voit que j'ai déjà maigri ?
— Bien sûr, de moitié !
Godefroy, Le Rire — 1898

Mais alors que pouvons nous faire ? Un proverbe fort connu indique la meilleure chose à faire : aide-toi, le ciel t'aidera ! A partir de là commence les séries de régime. Dans le doute, on a souvent commencé par interdire tel ou tel type d'aliments. Et ce fut l'ère des régimes « sans » : sans pain, sans sucre, sans sel, sans beurre, sans œufs...Rares sont nos aliments quotidiens qui ont échappé à cette mise en pilori. Après le sucre, le sel, maintenant les graisses au banc des accusés... L'argument des régimes «sans » était frappant : il s'agissait ni plus ni moins de faire disparaître ou de prévenir l'hypertension, l'athérosclérose, l'hypercholestérolémie, l'ulcère gastrique...

Au fil des ans, la recherche nutritionnelle et médicale a permis de lever un à un les interdits. Mais les idées reçues sont restées. Ainsi, les lipides (les graisses), ont trop souvent, et parfaitement injustement, été condamné. En pathologie, notamment cardio-vasculaire, les graisses constituent le bouc émissaire, le moins que l'on puisse dire est que tout ne baigne pas dans l'huile ! Quelles vérités faut-il rétablir, quelles erreurs faut-il corriger ?

L'histoire des graisses est probablement aussi ancienne que celle de l'humanité. L'homme les a toujours utilisés dans son alimentation. Les graisses incorporées ou naturellement présentes dans les aliments, jouent un rôle important car elles confèrent à ceux-ci une saveur typique, souvent recherchée. La cuisine au lard est bien différente de celle à l'huile d'olive. Personne n'est particulièrement attiré par des aliments préparés sans aucun corps gras.

Les conséquences de l'excès de lipide? C'est non seulement la **prise de poids**, car les graisses se stockent, quelle que soit leur nature, saturés ou insaturés. Et C'est également les **maladies cardio-vasculaires,** quand la consommation de graisses riches en acides gras saturés et en cholestérol est trop importante.

C'est seulement en 1929 que G. et M. Burr ont apporté la preuve que certains acides gras étaient indispensables à la santé et que leur rôle n'était pas que calorique [529]. C'est le cas notamment des acides gras polyinsaturés (AGPI) de la famille n-3 et n-6 (ou oméga-3 et -6). Et en particulier le rapport AGPI n-6/ n-3 qui, en 150 ans, a connu une augmentation spectaculaire. Simultanément, l'incidence des maladies cardiovasculaires a suivi la même progression. Ainsi, parmi les facteurs alimentaires de protection identifiés, les poissons ont une place propre. En effet, il a été découvert que **les AGPI n-3** contenus dans les poissons gras des mers froides réduisaient l'incidence de la fibrillation ventriculaire, responsable des morts subites (soit 50 % des décès coronariens).

À l'avenir, les AGPI n-3 seront certainement utilisés couramment en prévention et pour le traitement des maladies coronaires ce qui permettra à long terme de réduire les dépenses de santé.

Comment fonctionnent ces acides gras ? Après un repas, les graisses alimentaires sont fractionnées, au cours de la digestion. Les acides gras qui les constituent se libèrent. Par un processus assez compliqué, ils rejoignent le sang, milieu aqueux. Mais comme les graisses ne sont pas solubles dans l'eau, elles doivent s'accrocher à un véhicule qui les transporte. Ces voitures s'appellent lipoprotéines et elles sont solubles. Elles convoient:

- les différents acides gras,
- le cholestérol: celui qui vient de l'alimentation et celui qu'on fabrique,
- et d'autres molécules grasses, les phospholipides.

Ces lipoprotéines, notamment les HDL, VLDL et LDL, vont suivre tout un circuit:

Les **HDL**, transportent le cholestérol en excès et l'évacuent dans le foie où il est transformé en sels biliaires ensuite éliminés dans la bile.

Les **VLDL** sont chargées d'acides gras qu'elles distribuent partout. Au fur et à mesure où elles se déchargent de ces acides gras, elles se chargent de cholestérol: elles deviennent alors des LDL dont le rôle est de fournir alors le cholestérol nécessaire aux cellules qui en ont besoin. Si les **LDL** sont en excès dans l'organisme, le risque de maladie cardio-vasculaire augmente.

Quel est la place des différents acides gras dans ce processus ?

Les acides gras saturés sont utiles. Malheureusement, ils ont le pouvoir d'augmenter le taux du cholestérol sanguin et surtout celui du **LDL**. On les soupçonne aussi de jouer leur rôle dans l'apparition de certains cancers.

L'acide oléique, **l'acide gras monoinsaturé** de l'huile d'olive, diminue le cholestérol total et les **LDL** et augmente en même temps le taux de **HDL** (le bon cholestérol).

Les AGPI n-3 et n-6, interviennent dans l'agrégation plaquettaire qui est le premier stade de la coagulation du sang. Ce caillot peut boucher une coronaire et crée ainsi un infarctus.

Mais, ces substances peuvent entrer en compétition ce qui rend compliquer l'analyse de leurs effets respectifs. Récit de la lutte:

Dans la famille **des AGPI n-6**, l'acide linoléique se transforme en acide arachidonique, à partir duquel est synthétisé deux prostaglandines (PG) différentes : l'une qui favorise la coagulation du sang (PGX2), l'autre qui l'empêche (PGX2). De leur équilibre dépend la fluidité du sang. Si l'une d'elle est fabriquée en trop ou trop faiblement, le risque de caillot dans les artères coronaires augmente. Mais heureusement, il y a les **AGPI n-3** qui sauvent la situation. En effet, l'acide linolénique se transforme en **DHA** (docosahexanéoique) et en **EPA** (éicosapenténoique) catalogués AGPI n-3. L'**EPA** crée aussi une famille de prostaglandines, mais différentes de celle synthétisée à partir de l'acide arachidonique. Quand il y a trop de prostaglandines coagulantes, celles issues de l'**EPA** arrivent au secours pour rétablir l'équilibre et sauver la situation. *Plus on vieillit, moins la transformation d'acide linolénique en DHA et en EPA se fait aisément. C'est pourquoi il est bon, quand on n'a plus vingt ans, de consommer régulièrement des aliments qui en contiennent.*

Bien que les AGPI n-3 soient reconnus pour leur rôle clé dans les maladies à composante inflammatoire, leur mode d'action reste néanmoins inconnu. Il paraît donc essentiel de progresser dans la compréhension du rôle de ces nutriments dans cette maladie inflammatoire qui est l'athérosclérose.

Mon travail de thèse a porté sur l'analyse des mécanismes moléculaires induits par les AGPI n-3 (EPA, DHA) dans des cultures de cellules musculaires lisses (CML) isolées d'aorte de rat. En effet, cette famille d'AGPI a largement été décrite comme ayant des effets protecteurs contre de nombreuses maladies cardiovasculaires, contrairement à l'AGPI n-6, l'acide arachidonique (AA). Dans le présent travail, nous avons montré que les AGPI n-3, une fois incorporés dans les membranes des CML, inhibent l'expression de gènes inflammatoires tels que i) la phospholipase A2 sécrétée de type IIA (sPLA2), ii) les cyclooxygénases (COX) iii) et les molécules d'adhésion VCAM-1 et MCP-1. En revanche, dans le cas de l'enrichissement des cellules en AA, l'expression de ces gènes est augmentée.

L'enrichissement des cellules en AA et leur traitement par l'IL1β provoque l'activation du gène de la sPLA2 *via* notamment une coopération des facteurs de transcription NF-KB, C/EBP et Ets. Les AGPI n-3, contrairement à l'AGPI n-6, inhibent la translocation de ces facteurs de transcription régulant l'expression du gène de la sPLA2.

Il a été décrit que les produits de réaction des PLA2 ; en particulier l'AA ou ses dérivés d'oxydation, participent aux voies de signalisation qui contribuent à la prolifération cellulaire. Cette étude nous a conduit à analyser finement différents intermédiaires réactionnels du cycle cellulaire et en particulier l'activité du promoteur de la cycline D1 et l'état de phosphorylation de la protéine du rétinoblastome Rb. Nous avons ainsi demontré que les AGPI n-3, contrairement à l'AGPI n-6, inhibent la prolifération cellulaire en réduisant l'activité du promoteur de la cycline D1 et la phosphorylation de Rb. Cet effet s'exerce *via* une inhibition des protéines impliquées dans la voie des MAPK telles que Ras, Raf-1 et ERK½; la protéine PI3K serait également impliquée. Cette inhibition s'exercerait au niveau de la membrane plasmique, bien en amont de la cascade de transduction des MAPK, plus précisement au niveau des cavéoles. La formation de ces microdomaines membranaires est maintenue par des protéines spécifiques dénommées cavéolines. Contrairement à l'AA, les AGPI n-3 induisent une augmentation de l'expression des isoformes 1 et 3 de ces cavéolines. Compte tenu des effets négatifs des cavéolines décrits sur de nombreuses molécules impliquées dans la transduction des signaux, les modifications induites par les AGPI n-3 sur ces protéines enrichies dans les cavéoles expliqueraient en partie leurs effets négatifs sur la prolifération cellulaire, notamment sur l'activité de ERK½ ou sur différents facteurs de transcriptions.

Nous avons ainsi pu montrer les différents mécanismes moléculaires et nucléaires mis en jeu dans les effets bénéfiques des AGPI n-3 sur l'activation des CML, à la fois sur les molécules impliquées dans l'inflammation et sur leur prolifération cellulaire, en décrivant pour la première fois un effet de ces AGPI sur la voie des MAPK *via* un mécanisme cavéole-dépendant.

Mais comme dit le proverbe « Il ne faut pas mettre la charrue avant les bœufs ». Aussi avant d'en arriver là, on va chercher à savoir ce qui se passe réellement et on va commencer par le commencement c'est-à-dire comment ces graisses arrivent à notre table ? Définir le rôle précis de ces acides gras, leur implication et enfin expliquer le lien entre lipide et maladie cardiovasculaire etc…

Comme le disait si justement un célèbre détective : *"Mon cher Holmes, qu'est ce qui ne va pas sur cette planète? – L'Alimentation, mon cher Watson… !"*

INTRODUCTION

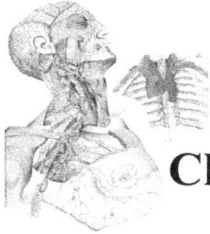

Chapitre I: Athérosclérose

« Les maladies sont le plus court chemin de l'homme pour arriver à soi. » [Thomas Bernhard]
Roman autrichien Extrait de perturbation

I-Physiopathologie de l'athérosclérose

A/ Physiologie de la paroi vasculaire

La paroi artérielle est constituée de trois tuniques concentriques qui sont, depuis la lumière vasculaire : l'intima, la media et l'adventice (figure 1).

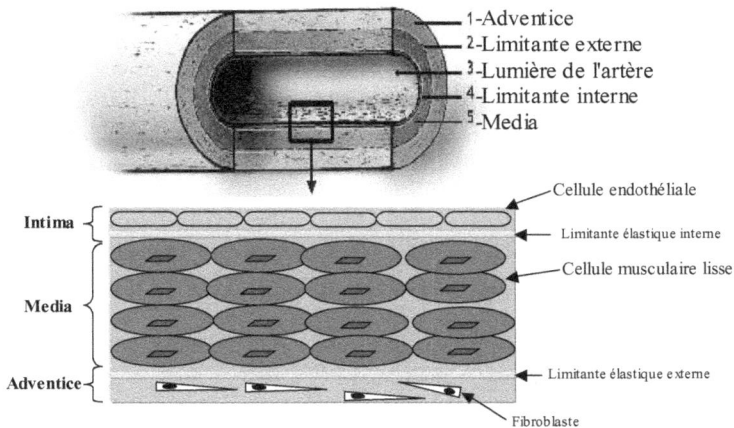

1-Adventice
2-Limitante externe
3-Lumière de l'artère
4-Limitante interne
5-Media

Cellule endothéliale
Limitante élastique interne
Cellule musculaire lisse
Limitante élastique externe
Fibroblaste

Intima
Media
Adventice

Figure 1 : paroi artérielle normale

1-L'adventice : C'est la tunique externe. Elle est constituée : d'un *tissu conjonctif* peu organisé, riche en collagène et en fibres élastiques, contenant des fibroblastes et des adipocytes; d'une *enveloppe* qui assure l'ancrage des artères aux structures avoisinantes. Elle est irriguée par des *vasa vasorum* qui ont un rôle nourricier pour l'adventice elle-même et pour la partie externe de la media. Un réseau de nerfs vasomoteurs non myélinisés rejoint les fibres musculaires lisses de la media. Elle est aussi parfois parcourue par des fibres musculaires lisses longitudinales.

L'adventice n'a pas été décrite comme jouant un rôle primordial dans la survenue des pathologies vasculaires. Toutefois, la présence des structures nutritives du vaisseau (*vasa vasorum, filets nerveux, vaisseaux lymphatiques*) laisse présager que toute lésion à ce niveau peut avoir des retombées importantes sur la fonction générale du vaisseau.

2-La media : C'est la tunique moyenne : elle est la plus épaisse. C'est le constituant principal de l'artère et les cellules musculaires lisses constituent environ 30 % de la media. Ces cellules sont empilées de façon concentrique en couches appelées *unités lamellaires*. [1]. Entre chaque lame élastique des artères élastiques se trouvent des cellules musculaires lisses, des fibres de collagène, des microfibrilles d'élastine et des protéoglycanes (tableau 2 et figure 5). Les cellules musculaires lisses synthétisent les principaux composants de la paroi vasculaire (glycoprotéines et protéoglycanes) et agissent activement sur les propriétés élastiques de la paroi grâce à leurs propriétés contractiles (tableau 2 et figure 5). De plus, leur capacité à migrer et à proliférer assure le maintien de l'intégrité vasculaire. Ce paragraphe sera développé ultérieurement.

La media semble impliquée dans la genèse des pathologies vasculaires, aussi bien en tant qu'effecteur que récepteur. Nous nous intéresserons surtout à la prolifération des cellules musculaires lisses, ainsi qu'à la sécrétion de composés extracellulaires notamment la phospholipase A2 sécrétée de type IIA au cours de la pathologie de l'athérosclérose.

3-L'intima : C'est la tunique la plus interne et la plus fine ; *c'est à ce niveau que se développe l'athérosclérose.* Elle est constituée : d'une couche unique de *cellules endothéliales*, imbriquées les unes dans les autres et formant une couverture étanche, d'une couche de *tissu conjonctif* fibro-élastique et d'une lame de fibre élastique constituée d'élastine, la *limitante élastique interne* (absente dans de nombreux vaisseaux).

Les cellules endothéliales ont, d'ailleurs, été les cellules les plus étudiées dans la physiopathologie des vaisseaux.

Classification

Selon la définition de l'OMS, l'athérosclérose est une « association variable de remaniements de l'intima des artères de gros et moyens calibres, consistant en une accumulation variable focale de lipides, de glucides complexes, de sang et de produit sanguins, de tissu fibreux et de dépôts calcaires, le tout s'accompagnant de modifications de la media ».

Contrairement à cette définition, différents types de lésions athéroscléreuses sont reconnus et font l'objet d'une classification. Cette classification, proposée par Stary *et coll,* (1995) [2] et reprise par l'*American Heart Association* (AHA), s'est principalement appuyée sur l'examen de parois artérielles humaines prélevées lors d'autopsies de sujets décédés de mort violente.

Type lésionnel	Terme proposé par Stary	Nomenclature classique	description
I	*Macrophages spumeux isolés*	Non décrit	*Macrophages spumeux isolés dans l'intima. Absence de lipides extracellulaires.*
			Couches de macrophages

21

II	*Strie lipidique*	**Strie lipidique** ou point	spumeux. *Cellules musculaires lisses dans l'intima chargées de lipides. Fines particules lipidiques extracellulaires disséminées.*
III	*Préathérome*	Lésion intermédiaire Lésion transitionnelle	Modifications de type II associées à de multiples dépôts lipidiques extracellulaires formant de petits agrégats.
IV	*Athérome*	Athérome Plaque fibrolipidique	*Modifications de type II associées à des dépôts lipidiques extracellulaires massifs et confluents (core) qui occupent l'intima.*
V	*Fibroathérome*	Plaque d'athérosclérose Plaque fibreuse Lésion compliquée	*Modifications de type IV associées à des dépôts massifs de collagène (chape fibreuse) recouvrant le centre lipidique (core). Présence possible de microhémorragie ou de thrombus.*
VI	*Fibroathérome ulcéré*	**Lésion compliquée**	*Modification de type V avec ulcération de surface.*
VII	*Plaque fibreuse*	Plaque fibreuse	*Epaississement massif de l'intima par une sclérose collagène ; lipides intra et*

				extracellulaires absents ou présents en quantité négligeable.

Tableau 1 : classification de Stary et al (1994 et 1995) des différentes étapes de lésion de l'athérosclérose

B/ Les lésion précoces ou formation de strie lipidique

Les lésions de type I sont représentées par les premiers dépôts lipidiques détectables dans l'intima et les premières interactions cellulaires qui en résultent. Ces lésions sont retrouvées chez l'enfant (lors des 8 premiers mois de leur vie, 45% des enfants présentent des cellules spumeuses dans leurs artères coronaires ainsi qu'un taux de monocytes deux fois supérieur à la norme, Stary 1987) [3]. Les modifications de l'intima sont minimes et sont représentées par de petits amas isolés de macrophages spumeux [3]. *Les lésions de type II* incluent les stries graisseuses, formées de cellules chargées de lipides localisées dans l'intima. Ces cellules sont essentiellement d'origine macrophagique et rarement des CML.

Description de la strie lipidique : Le premier évènement de la formation de la strie lipidique est le passage des **LDL** à travers l'endothélium, encore intact à ce stade de l'athérogénèse. Les LDL s'accumuleraient dans le subenthothelium en se complexant aux **protéoglycanes** de la paroi vasculaire (figure 2). Le recrutement des monocytes circulants par les cellules endothéliales intervient afin de limiter l'accumulation des lipides au niveau de la paroi. Ce phénomène fait appel à des molécules d'adhésion telles que les sélectines, les "*Inter Cellular Adhesion Molecules*" ou ICAM et les "*Endothelial-Leucocyte Adhesion*

Molecules" ou ELAM, des cytokines comme les interleukines et les interférons, et des agents chimiotactiques tels que **la protéine *monocyte chemotactic protein-1* (MCP-1)**. Ces cellules circulantes, recrutées très tôt au cours de l'athérogénèse pour devenir des macrophages tissulaires ont deux fonctions majeures au cours de ce processus pathologique [4]. La première est d'éliminer les lipides extracellulaires de l'intima. En effet, les macrophages de l'intima possèdent deux types de récepteurs pour les LDL : l'un spécifique des LDL et régulable négativement par le taux de cholestérol intracellulaire et l'autre, non régulable, spécifique des LDL oxydés, encore appelé récepteur "*scavenger*" ou éboueur. Une fois oxydés par les cellules endothéliales ou au niveau de l'intima par les radicaux libres, les LDL reconnues par le récepteur "*scavenger*" s'accumulent dans les macrophages pour donner des cellules spumeuses qui forment les premières stries lipidiques ([5]; figure 2). Il a été décrit que les LDL oxydés régulent la formation des cellules spumeuses à travers des récepteurs nucléaires, les PPAR (Peroxisome Proliferator-Activated Receptor). En effet, les dérivés d'acides gras provenant de LDL oxydés tels que le 9-hydroxyoctadecadienoïque (9-HODE) et le 13-hydroxyoctadecadienoïque (13-HODE) sont des ligands naturels des PPARγ [6]. De plus, les 9- et 13-HODE induiraient l'expression du récepteur des LDL oxydés (en particulier le récepteur scavenger CD36/FAT) par l'intermédiaire de PPARγ, entraînant ainsi un rétrocontrôle positif de l'activation des monocytes/macrophages et de la formation des cellules spumeuses [7].

La seconde fonction des macrophages est de générer divers messages pour les cellules musculaires lisses via la production de cytokines. Ainsi, la mise en jeu des macrophages lors de l'athérogénèse laisse fortement suggérer que l'athérosclérose s'accompagne d'une réponse inflammatoire importante.

Les cellules endothéliales possèdent également ces récepteurs "scavenger" et internalisent aussi des LDL oxydés qui s'avèrent particulièrement cytotoxiques et entravent l'intégrité de l'endothélium [8]. Les LDL oxydés contiennent des molécules bioactives comme les oxysterols. La cytotoxicité des LDL oxydés est fortement présumée pour être la cause de l'activation endothéliale [9]. Ainsi, **la présence des LDL oxydés dans l'intima serait responsable de l'initiation de l'athérogénèse**. C'est pourquoi, à l'heure actuelle, plusieurs études ont mis en évidence l'effet protecteur des antioxydants dans l'athérogénèse dans le but d'en prévenir l'évolution [10-12].

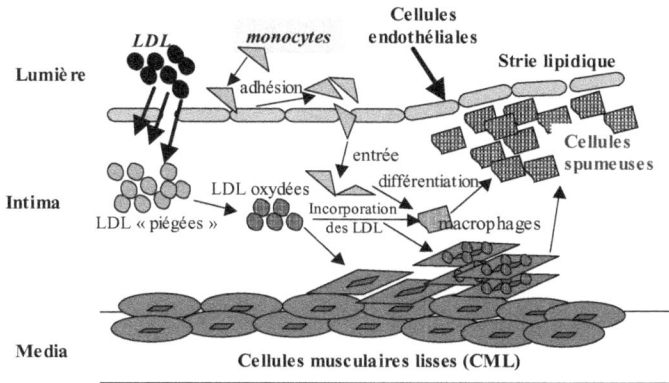

Figure 2 : Formation de la strie lipidique

Les lésions de type III ou « pré-athérome » correspondent aux lésions intermédiaires entre les lésions de type II et la plaque d'athérome [13, 14]. Elles montrent, à l'examen histologique, une quantité importante de lipides extracellulaires (nombreux cristaux de cholestérol). Les macrophages spumeux sont nombreux, de même que les CML qui se chargent de lipides. Il n'existe toutefois pas encore de vrai centre nécrotico-lipidique (core lipidique) ni de fissure importante.

C/ Les lésions avancées ou formation de la chape fibreuse

Les lésions de type IV, ou athérome, constituent la plaque athéroscléreutique, qui fait saillie dans la lumière, tend à rétrécir et à modifier le flux sanguin en créant des remous. Cette plaque est constituée d'un centre nécrotico-lipidique, ou core lipidique, entouré d'une gangue fibreuse (riche en collagène et protéoglycanes) et de CML. L'une des caractéristiques du changement phénotypique des CML est leur prolifération et leur migration vers l'intima. D'autre part, elles sont de plus en plus chargés de lipides (figure 3). Dans ces lesions avancées, sont aussi présents des lymphocytes T, de rares neutrophiles et des macrophages. La zone nécrotique contient des débris cellulaires, des lipides extracellulaires, des cristaux de cholestérol associés ou non à des dépôts calciques. De nombreuses cellules spumeuses (macrophages et CML) sont observées. La mort de ces cellules contribue à enrichir le centre nécrotique. Cette plaque, d'abord localisée dans l'intima, va progresser vers la jonction intima/media, et vers la media qui s'amincit *(lésion de type V).* La lésion est caractérisée par la présence d'un tissu conjonctif de réparation ainsi que par l'existence de calcifications.

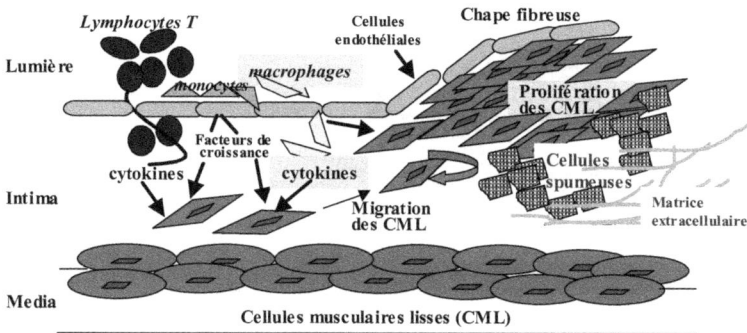

Figure 3 : formation de la chape fibreuse

D/ Complications

Les lésions de type VI regroupent les lésions compliquées comprenant la calcification, les ulcérations, les sténoses et pour finir une rupture ou fissure de la plaque, principale cause de thrombose aiguë.

La rupture de la plaque est le résultat de phénomènes mécaniques (augmentation de la tension lors de l'augmentation du volume de la plaque et amincissement de la chape fibreuse) et chimiques (production de métalloprotéases et enzymes protéoglytiques). La rupture de la plaque met des substances thrombogènes en contact avec le sang. Cette thrombose peut être à l'origine d'embolies (figure 4).

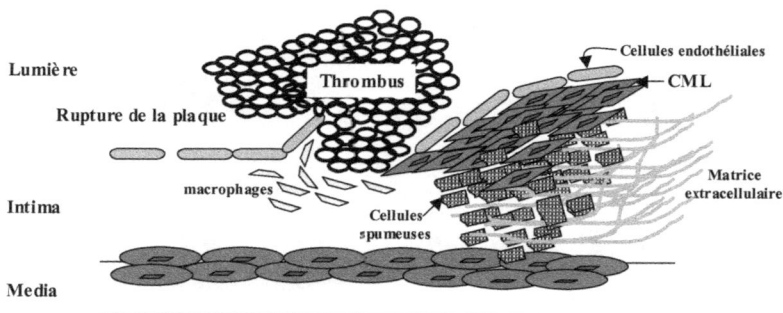

Figure 4 : rupture de la plaque

Si l'athérosclerose est une maladie artérielle progressive, il apparaît que:

> l'évolution de ces lésions se fait lentement avec le temps ou par à-coups brusques ;

> la maladie s'installe de manière insidieuse et parfois très précocement ;

> elle peut se stabiliser et reprendre à tout moment son cours ;

> dans l'état actuel des investigations, rien ne permet d'affirmer la stabilisation définitive d'une plaque ;

> les thromboses et hémorragies intraplaques expliquent la plupart des poussées évolutives qui peuvent intérresser électivement un territoire ou l'ensemble de l'arbre artériel et survenir à n'importe quel moment de la « vie » d'une plaque athéromateuse ;

> souvent la maladie ne se révèle que longtemps après son début ;

> enfin, des lésions athéromateuses peuvent s'installer à tout moment.

Ce bref résumé sur l'évolution de la maladie athéroscléreuse soulève de nombreux problèmes, certes celui de ses causes et du début de son installation, mais aussi et, en particulier, celui de la progression de la lésion principale, la plaque d'athérome.

La progression de cette lésion est liée à l'infiltration massive de cellules inflammatoires, monocytes/macrophages et lymphocytes, associée à la poursuite de l'infiltration lipidique et à la formation de cellules spumeuses, et enfin l'arrivée des CML qui vont synthétiser une matrice extra-cellulaire plus ou moins abondante et former la chape fibreuse. Les CML vont s'accumuler de façon progressive dans l'intima et encapsuler progressivement le centre nécrotique des cellules spumeuses. L'état de différenciation et les phénomenes de migration et de prolifération des CML sont importants dans la constitution de la chape fibreuse, notamment dans la progression de certaines plaques dans lesquelles la composante fibreuse prédomine.

Dans le chapitre suivant, nous présenterons l'implication physiopathologique des CML dans l'athérosclérose. Nous nous intéresserons tout d'abord à l'origine embryonnaire des CML, puis aux caractéristiques et aux fonctions de ces cellules matures dans l'artère saine. Nous décrirons ensuite les mécanismes responsables du développement de cette pathologie vasculaire, en insistant plus particulièrement sur le rôle joué par les CML.

II-Rôle des cellules musculaires lisses dans l'athérosclérose

> « **Nerveux : se dit à chaque fois qu'on ne comprend rien à une maladie.** » [Gustave Flaubert] extrait du dictionnaire des idées reçu.

Les CML sont responsables de la tonicité de la paroi vasculaire par leur aptitude à se relaxer et à se contracter. Elles déterminent l'état de trophicité artérielle par leur capacité à s'hypertrophier et à proliférer et par leur aptitude à sécréter des protéines de la matrice extracellulaire. Les CML observées dans l'intima au cours de l'athérosclérose présentent un phénotype altéré (tableau 2). Ces cellules contiennent peu de filaments contractiles et sont riches en organites associés à la synthèse protéique (réticulum endoplasmique , appareil de Golgi et ribosomes libres) .

A/ Changement phénotypique des CML

La mise au point de techniques de culture des CML a permis de révéler que la différenciation des CML peut être réversible. En effet, l'équipe de Campbell a montré qu'après plusieurs jours de culture en présence de sérum, les CML de phénotype contractile perdent la capacité à se contracter, acquièrent des propriétés de migration et de prolifération, et synthétisent une grande quantité de matrice extracellulaire. Le phénotype obtenu est appelé phénotype synthétique [15]. La découverte de la modulation phénotypique des CML a été d'autant plus importante que le phénotype synthétique est associé au développement et à la progression des maladies cardio-vasculaires, comme nous allons le voir au cours de ce chapitre. *La modulation phénotypique explique aussi les difficultés rencontrées pendant de nombreuses années pour étudier le mécanisme moléculaire de la différenciation in vitro de ces cellules*. De plus, la comparaison des profils d'expression protéique des CML de phénotype synthétique et des CML fœtales a permis de révéler de nombreuses similitudes et suggère que la modulation phénotypique corresponde à une dédifférenciation des CML vasculaires vers une forme multifonctionnelle [16].

Lors des périodes embryonnaire et fœtale, ainsi qu'au cours des premières étapes de la croissance, les CML de phénotype synthétique ont l'apparence de cellules fibroblastiques et présentent une activité de synthèse importante, qui se traduit par un réticulum endoplasmique rugueux ainsi qu'un appareil de Golgi très développé. Cette synthèse protéique accrue concerne les composants de la matrice extracellulaire (collagène, élastine), les protéines du cytosquelette (essentiellement la vimentine et l'actine cytoplasmique β), la sécrétion des facteurs de croissance et des cytokines. Ces CML sont également capables de répondre à de nombreux facteurs de croissance et cytokines qui peuvent induire leur prolifération ou encore leur migration [17].

Lors de leur différenciation au sein de la paroi artérielle embryonnaire humaine, les CML sont particulièrement hétérogènes. En effet, chez des embryons de 5 à 12 semaines, la media est constituée de trois couches : la plus interne constituée de cellules rondes ou ovoïdes de phénotype synthétique, la couche médiane avec des cellules fusiformes semblables à des cellules musculaires lisses matures et, enfin, la couche externe, constituée de cellules fibroblastiques ou mésenchymateuses peu différenciées. Toutes ces cellules expriment l'α-actine de muscle lisse. Chez l'embryon de 18 à 28 semaines, la lame élastique interne, séparant l'intima de la media, apparaît. Les cellules rondes et ovoïdes ont complètement disparu pour laisser place à des cellules musculaires lisses fonctionnelles dont les propriétés contractiles sont fortement développées [18].

Au cours de la maturation des vaisseaux, le taux d'expression de la β-actine diminue progressivement, pour être remplacé par l'α-actine de muscle lisse ; des traces de γ-actine de muscle lisse sont également retrouvées et les myofilaments composés de myosine et de tropomyosine apparaissent. Toutes les CML de la paroi aortique normale expriment la vimentine, et environ la moitié d'entre elles expriment en plus la desmine (voir tableau 2).

Chez l'adulte, au terme de la période de croissance, les CML ont acquis leurs nombreux faisceaux de filaments. Ce sont alors des cellules hautement différenciées, qui jouent un rôle primordial dans le contrôle de la pression et du flux sanguin en réponse aux agents vasoconstricteurs et vasodilatateurs.

En résumé, les protéines contractiles du cytosquelette sont les composants majeurs des CML. Elles représentent 50 % des protéines totales. Au stade final de leur différenciation, elles s'assemblent en *myofilaments épais* de myosine (SM1, SM2) et en *myofilaments fins*, composés d'α-actine et d'α-tropomyosine spécifique du muscle lisse, de h-caldesmone, de calponine et de la protéine SM22α. Le *filament intermédiaire* constitué de desmine confère aux CML des propriétés mécaniques qui permettent d'assurer un tonus vasculaire permanent en réponse à divers agents vasoconstricteurs (endothéline, histamine, angiotensine II) ou vasorelaxants (monoxyde d'azote, endothelial-derived-relaxing factor EDRF) (figure 5). La matrice extracellulaire constituée de collagène, laminine, élastine qui entoure les CML n'est pas neutre et de nombreux travaux supportent l'hypothèse qu'elle permettrait le maintien de la différenciation et serait responsable, en partie, de l'incapacité des CML de phénotype contractile à migrer et proliférer [19].

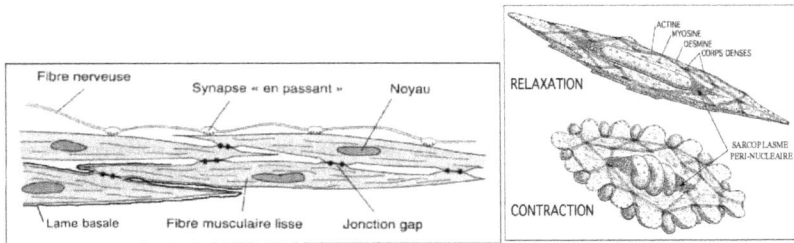

Figure 5 : Muscle lisse : schéma général simplifié

Lors d'une lésion du vaisseau, les CML peuvent se dédifférencier rapidement et adopter un phénotype proche de celui observé au stade embryonnaire du développement [20, 21]. Une transition similaire du phénotype contractile vers un phénotype « synthétique » est observé lors de l'établissement des CML en culture [22]. Les CML qui sont présentes au niveau des lésions vasculaires ont une morphologie altérée avec un nombre réduit de myofilaments et un appareil sécrétoire augmenté. Dans un même temps, il y a une diminution de l'expression des protéines du cytosquelette telle que l'α-actine, la myosine de muscle lisse et la desmine [23]. Aussi, l'expression de la plupart des protéines contractiles spécifiques du muscle lisse est inhibée (α-actine, SM ½, calponine, SM22α) tandis que l'expression de variants non-musculaires est stimulée (β et γ actines) [24]. Ces régulations s'effectuent au niveau transcriptionnel et impliqueraient le facteur de transcription SRF (serum response factor) et le motif CarG, identifié dans le promoteur de plusieurs gènes caractéristiques des CML [25, 26]. (tableau 2). Il faut aussi noter qu'un type fœtal de fibronectine est produit dans les plaques d'athérome et dans l'épaississement de l'intima formée après dénudation de l'endothélium [27].

➥ *La modulation phénotypique des CML est donc associée à des modifications majeures de la structure et de l'environnement de ces cellules. Il apparaît aujourd'hui que ces changements ont pour conséquence de conférer aux CML de phénotype synthétique la possibilité de migrer et de proliférer en réponse à différents stimuli.*

	Phénotype contractile (différencié)	Phénotype synthétique (dédifférencié)
Forme de cellule	Fusiforme	Fibroblastique
Synthèse protéique		
Réticulum endoplasmique	Faible	Important
Appareil de Golgi	Faible	Important
Cytosquelette		
• Volume des myofilaments	Important	Faible
• Chaîne lourde de myosine	SM1/2	SM1/2 ➤
• Actine	α-SM	β, γ
• α-Tropomyosine	α-TM-SM	α-TM-F1/F2
• Caldesmone	H-CaD	L-CaD
• Calponine	➘	➚
• SM22α	➘	➚
• Filaments intermédiaires	Desmine	Vimentine
Matrice extracellulaire		
Collagènes	III>I,IV	I ➘,III,IV
Autres glycoprotéines	Laminine, élastine	Fibronectine,vitronectine, élastine
Protéoglycanes (PG)	PG à héparane sulfate	PG à chondroïtine
Migration	Non	Oui
Intégrine α1	➘	➚
prolifération		
Sensibilité mitogène	Non	Oui
Cycle cellulaire	G0/G1	G1➲M

Tableau 2 : comparaison des phénotypes contractile et synthétique des CML : (↗ expression augmentée, ↘ expression diminuée)

B/ Migration et prolifération des cellules musculaires lisses

Les CML sont la composante cellulaire majoritaire des lésions athérosclérotiques initiales, où elles peuvent représenter jusqu'à 90% du contenu cellulaire [28]. **La migration et la prolifération des CML** sont donc des éléments clés dans la genèse des lésions d'athérosclérose [29]. Ces évènements sont sous la dépendance des facteurs de croissance, des cytokines, des glycoprotéines et des protéoglycanes de la matrice extracellulaire synthétisés et/ou sécrétées par les cellules résidentes de la paroi vasculaire, les cellules circulantes ou les CML elles-mêmes. Les mécanismes de leur migration et de leur prolifération sont encore mal définis et semblent faire intervenir différentes voies de signalisation cellulaire en fonction des stimuli mis en jeu.

- ## Rôles des cellules résidentes et circulantes

1- Cellules endothéliales: L'endothélium activé peut synthétiser et sécréter des facteurs qui induisent l'activation des CML: PDGF endothélial et bFGF [30]. Elles synthétisent et sécrètent aussi certaines cytokines telles que les interleukines (l'IL1, l'IL6, l'IL8), des facteurs chimiotactiques pour les monocytes / macrophages comme la protéine MCP-1 et des facteurs hématopoïétiques tels que le *macrophage colony stimulating factor* ou M-CSF [31]; (figure 6). L'endothéline-1 (ET), le thromboxane A2 et la prostaglandine H2 sont des facteurs contractants produits par l'endothélium. Au contraire du thromboxane A2 et de la prostaglandine H2 qui activent les plaquettes, l'ET n'a pas d'effet direct sur ces cellules mais a des propriétés prolifératives sur les CML vasculaires. Les études *in vitro* de cultures de cellules endothéliales humaines, exposées à l'acide linoléique (un AGPI n-6), ont mis en évidence une augmentation de la production endothéliale d'interleukine-8 (IL-8), d'ICAM-1 et de VCAM-1, la molécule d'adhésion des monocytes et des neutrophiles [32].

Il a été montré que divers agents et mécanismes interviennent dans la prolifération des CML : le calcium [33, 34], l'activation des protéines kinases activées par les mitogènes (MAPK) [35] ainsi que l'activation de *c-Fos* [36].

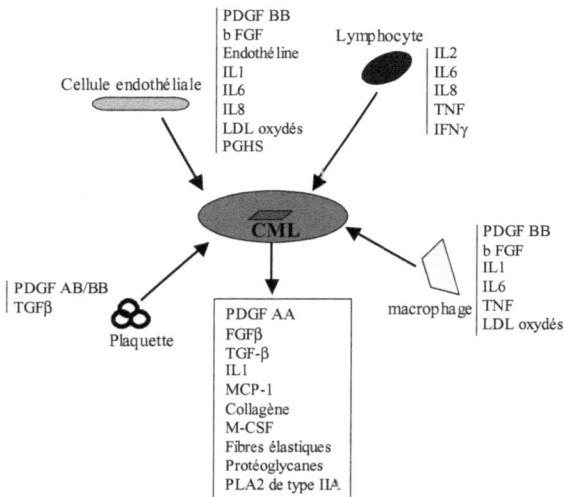

Figure 6 :Activation des cellules musculaires lisses (CML) par différents facteurs synthétisés par les cellules qui participent à l'athérogénèse. (PGHS : Prostaglandine G/H synthase; M-CSF: macrophage colony stimulating factor; IL1: interleukine 1; PDGF: platelet derived growth factor; IFNγ: interféron γ; LDL : low density lipoprotein; MCP-1: macrophage-colony protein-1)

2- Monocytes/Macrophages/ Lymphocytes T : Suite à une activation de l'endothélium, les monocytes circulants sont très vite recrutés *via* la protéine MCP-1 et s'infiltrent dans l'espace vasculaire où ils sont activés en macrophages. A ce stade, ils sont capables de synthétiser des facteurs de croissance (PDGF-BB, bFGF, et TGF β) et des cytokines : l'IL1 qui peut inhiber ou stimuler la prolifération et la migration des CML, l'IL6 qui stimule leur prolifération, et le *tumor necrosis factor* (TNF) qui favorise l'angiogenèse ainsi que le *Macrophage colony stimulating factor* (M-CSF) [4, 31] (figure 6). Par ailleurs, toutes ces molécules ont un effet sur la synthèse de facteurs de croissance, de glycoprotéines ou de protéoglycanes par des cellules musculaires lisses.

La migration des CML est associée à une prolifération cellulaire et les agents qui facilitent ces phénomènes varient. Par exemple le bFGF n'a sur les CML qu'un effet strictement prolifératif [37], alors que le PDGF [38] a un rôle plus actif sur la migration que sur la prolifération. L'administration d'anticorps anti-PDGF dans des artères, diminue significativement l'épaississement néointimal observé après une agression vasculaire [38, 39]. Le PDGF faciliterait la migration des CML en activant la synthèse de collagénases (métalloprotéase type I) [40].

Les lymphocytes synthétisent et secrètent de nombreuses cytokines dont le TNF, l'IL2, l'IL6, l'IL8 et l'INFγ (figure 6). Au cours de l'athérogenèse ou des phénomènes de resténose, les lymphocytes interviennent en tant que modulateurs de la croissance des CML vasculaires. [41, 42].

3- Plaquettes : Les plaquettes sécrètent essentiellement du PDGF et du TGF-β, facteurs de croissance des cellules musculaires lisses (figure 6). Lors de l'athérogenèse, les plaquettes interviennent pendant la formation du thrombus [43]. Ceci n'exclut pas qu'elles puissent être activées à des stades plus précoces et participer ainsi, par l'intermédiaire de leurs sécrétions, au processus athéromateux.

Ainsi, il a été montré que des dérivés de l'acide arachidonique par la voie de la 12-lipoxygénase, comme l'acide 12-L-hydroxy-5,8,10,14-eicosatetraenoïque (12-LO) et l'acide 12-hydroxyeicosatetraénoïque (12-HETE) produits par les plaquettes, sont des facteurs chimiotactiques pour les CML [44, 45]. L'activité de la 12-lipoxygénase dans les plaquettes est augmentée par des facteurs de risque comme la fumée de cigarette [46, 47] ou l'hypercholestérolémie [48] et pourrait en partie expliquer leur niveau d'action dans la progression de l'athérosclérose.

4- Modification de la matrice extracellulaire : Les CML participent à la formation des lésions avancées, caractérisées par la présence d'une composante fibreuse importante, car elles sont capables, dans leur phénotype secrétoire, de produire des éléments de la matrice extracellulaire [20]. Cette synthèse exagérée et mal contrôlée de matrice extracellulaire conduit à une désorganisation de l'intima et à son épaississement, qui finit par l'occlusion de la lumière du vaisseau [49]. En réponse aux différentes atteintes du vaisseau, les CML synthétisent divers composants comme le perlecane, le syndécane, le ryudocane, le versicane, le biglycane, les collagènes de type I, II, IV et V, la tropoélastine, l'élastine et la décorine. [49].

La composition de la matrice extracellulaire résulte de l'équilibre entre le catabolisme et la synthèse de ces molécules. Le remodelage de la matrice intervient durant le développement normal, la croissance et le vieillissement de ces cellules. Dans les vaisseaux sains, la matrice extracellulaire est composée de matériel élastique (limitante ou lames de la media) et de collagène qui entoure les CML. Le collagène et l'élastine sont associés aux protéoglycanes et aux glycoprotéines de structure. La matrice extracellulaire joue donc un rôle important dans l'élasticité du vaisseau. Le collagène est également impliqué dans la thrombogénicité [50]. Au cours de l'athérosclérose, des modifications touchent essentiellement la quantité d'élastine et de collagène. Les protéines produites par les cellules de la paroi athéromateuse présentent des caractéristiques physico-chimiques différentes. *Le changement de phénotype des CML est alors étroitement lié à la synthèse de collagène* [51, 52]. La sécrétion de collagène est irrégulière [53, 54] et des plages de dégradation de la matrice extracellulaire, sous la dépendance des métalloprotéases, sont associées aux zones de synthèse.

Au cours de l'athérosclérose, la quantité de protéoglycanes augmente [50, 55] et leur répartition est hétérogène : les chondroïtines sulfates, les hyaluronates et les versicanes sont prédominants dans l'intima aux stades précoces de la maladie [56-58]. Les chrondroïtines sulfates sont aussi présentes dans les régions de la plaque riches en apolipoprotéines B, alors que les hyaluronates tendent à s'associer aux régions riches en calcium [57]. Les biglycanes et la décorine sont retrouvés dans la chape fibreuse de la plaque d'athérome [59] et dans les zones riches en apolipoprotéines E. L'affinité des protéoglycanes et les glycosaminoglycanes favorisent également l'oxydation des LDL [60]. Les glycoprotéines de structure augmentent au cours de l'athérosclérose particulièrement la fibronectine, la thrombospondine et l'ostéopontine. La fibronectine et la thrombospondine sont synthétisées par les CML, dont elles régulent la migration et la prolifération [61].

5- Rôle des métalloprotéases matricielles : La dégradation de la matrice extracellulaire est un élément majeur qui déterminera la vulnérabilité de la plaque [62]. Différents types de protéases semblent être impliquées dans la dégradation de la matrice, notamment les cystéine protéases et les métalloprotéases (MMPs). Ces dernières jouent probablement un rôle prépondérant. Dans les conditions physiologiques, il existe un équilibre entre l'expression des MMPs et celle de leurs inhibiteurs (TIMPs). Le déséquilibre en faveur des MMPs conduit à la dégradation exagérée de la matrice extracellulaire, et contribue probablement à de nombreuses pathologies dont l'athérosclérose.

Les métalloprotéases appartiennent à une famille d'enzymes qui fonctionnent naturellement à pH neutre dans l'environnennement extracellulaire [62]. Leur activité enzymatique est conditionnée par la présence du calcium et du zinc. Certains de ces enzymes sont sécrétées dans l'espace extracellulaire sous forme de pro-enzyme inactive, d'autres sont exprimées à la surface cellulaire. Le clivage du propetide par différents mécanismes fait apparaître la forme active. Certaines MMPs ont des substrats spécifiques mais dans la majorité des cas, un substrat donné peut être dégradé par plusieurs métalloproteases. Etant donné l'importance de ces enzymes dans la dégradation de la matrice extracellulaire, il est nécessaire qu'elles soient régulées finement. Différents niveaux de régulation existent : la régulation transcriptionnelle, la sécrétion sous forme de pro-enzymes activées par clivage et la régulation par leurs inhibiteurs spécifiques (TIMPs) [62].

Le déséquilibre entre la présence des MMPs et des TIMPs dans les plaques d'athérome pourrait contribuer fortement à la déstabilisation de la plaque. Les travaux du groupe de Libby ont comparé l'expression des métalloprotéases et de leurs inhibiteurs dans les macrophages des plaques humaines et dans les zones artérielles saines [62]. Dans les régions d'accumulation des macrophages spumeux et les zones fragiles de bordure des plaques, soumises à des forces mécaniques de tension élevées, les auteurs ont observé une surexpression locale de métalloprotéases (gélatinases, collagènes et stromélysine) associée à une augmentation de l'activité enzymatique des MMPs *in situ* et à une dégradation exagérée de la matrice extracellulaire. La MMP-1 (collagenase interstitielle) est présente en grandes quantités dans ces régions [63, 64]. La stromélysine active la MMP-9 (gelatinase B) qui est capable à son tour d'activer d'autres métalloprotéases [62]. Henney *et coll.*, avaient localisé l'ARNm de la stromélysine dans les plaques au niveau des macrophages et des CML [65]. De plus, ils ont montré qu'un polymorphisme génétique du promoteur de la stromélysine est associé à la progression de l'athérome coronarien, renforçant l'hypothèse que le remodelage du tissu conjonctif par les métalloprotéases contribue à la pathogénicité de l'athérosclérose [66]. D'autres métalloprotéases, la MMP-7 et la MMP-12, ont également été détectées en bordure du noyau lipidique au niveau des macrophages spumeux dans des lésions carotidiennes humaines et non dans les artères normales [67].

Galis et al, ont décrit l'expression constitutive du TIMP-1 et du TIMP-2 dans les artères normales ou athéoscléreuses [62]. Récemment, une étude a montré que le TIMP-3 est présente dans les plaques d'athérome en quantités variables mais toujours plus importantes que dans les artères saines [68]. Ces trois inhibiteurs sont localisés dans les zones de rupture, comme cela a été observé pour les MMPs [68], suggrérant l'existence d'un contrôle potentiel de la dégradation de la matrice.

Ces résultats renforcent l'hypothèse selon laquelle l'équilibre entre un excès de dégradation de la matrice extracellulaire et l'inhibition de ces activités est déterminant dans la fragilité de la chape fibreuse.

Les macrophages ainsi que les CML sont capables de dégrader la matrice extracellulaire en sécrétant des MMPs. Les CML en culture expriment constitutivement la MMP-2 qui dégrade le collagène non fibrillaire et participe à la migration des CML [69]. Cette enzyme est inhibée par le TIMP-2. Les CML expriment également plus faiblement la MMP-1 et la MMP-3, cette dernière étant capable d'activer la pro-MMP-1. Certaines cytokines en particulier l'IL1β augmentent la production de ces enzymes. Des études de coculture de monocytes humains et de CML ont d'ailleurs montré une induction de l'expression de la MMP-1 et de la MMP-3 par les CML; cette induction est abolie par l'inhibition de l'IL1β [70]. L'équipe de hamaguchi a d'ailleur démontré tres récemment que l'IL1β induisait l'expression des MMP via la voie PI3K et MEK/ERK ½ [71].

Les CML expriment également, et de façon constitutive, le TIMP-1, le TIMP-2 et le TIMP-3. Le PDGF ou le TGFβ augmentent l'expression du TIMP-1 et du TIMP-3 [68].

6- Rôle autocrine des cellules musculaires lisses : Très souvent, la prolifération des CML s'accompagne d'une activité synthétique et secrétoire accrue, particulièrement au cours de la phase G1 du cycle. Cette activité concerne essentiellement la synthèse de composés de la matrice extracellulaire et d'enzymes telle que les phospholipases A2 sécrétées. Les principaux facteurs qui interviennent dans la régulation de ce phénomène sont le PDGF, le FGF, le TGF β et certaines cytokines comme l'interleukine 2 (IL2), 1 (IL1), 6 (IL6), 8 (IL8), l'interféron (IFN γ) ou le TNF [72] [73] (figure 6). Toutes ces molécules agissent essentiellement *via* des mécanismes paracrines ou autocrines.

Ces agents mitogènes induisent l'expression de gènes qui s'expriment peu ou pas dans les CML en quiescence (état non prolifératif). En premier lieu sont exprimés le facteur de transcription *early growth response* (Egr-1) [74] et les gènes dits "gènes de réponse immédiate", comme les proto-oncogènes (*c-fos*, *c-jun* et *c-myc*), MCP-1 qui agit comme substance chémoattractante pour les monocytes et la thrombospondine [75]. A mesure que les CML progressent dans le cycle cellulaire, d'autres gènes sont induits, comme le gène codant pour le PCNA (*Proliferating Cell Nuclear Antigen*), un cofacteur de l'ADN polymérase δ, enzyme nécessaire à la synthèse d'ADN. L'expression maximale de la plupart des gènes d'induction précoce a lieu 2 à 6 heures après la stimulation, aussi bien dans les cellules en culture qu'*in vivo* [76].

Les facteurs de croissance agissent sur les CML *via* des récepteurs spécifiques appartenant à la *famille des récepteurs tyrosine kinases* qui activent la voie des kinases dépendantes de mitogènes (MAP kinases) à travers Ras [77]. Les ligands de ces récepteurs sont le PDGF, FGF, NGF, IGF-1 entre autre. Quand un facteur de croissance se lie à son récepteur, celui-ci s'autophosphoryle au niveau de résidus tyrosines du domaine cytoplasmique. Ces résidus phosphorylés sont une cible pour des protéines cytoplasmiques comme Grb2, qui agit comme un connecteur avec Sos. La liaison Grb2-Sos active Ras *via* l'échange de GDP en GTP. Ras activée stimule une cascade de phosphorylation à travers Raf, qui transmet le signal, *via* la voie des MAP kinases jusqu'au noyau, où est induit l'expression des facteurs de croissance ou de cytokines qui contrôlent le processus de prolifération cellulaire. Le processus est en réalité plus complexe, puisque des voies parallèles sont activées dans lesquelles agissent d'autres protéines; cependant la voie commune vers laquelle confluent différents signaux semble être la voie des MAP kinases dépendantes de Ras [78]. Dans le système cardio-vasculaire cette voie est activée, non seulement par des agents mitogènes, mais également par des cytokines et par des inducteurs de stress et d'hypertrophie cellulaire [79].

De nombreux gènes sont induits après activation des CML, c'est notamment le cas de gènes codants pour des protéines de la phase aiguë de l'inflammation comme la cyclooxygénase-2 et la phospholipase A2 sécrétée de type IIA, qui sont des marqueurs de la réponse inflammatoire au cours de l'athérosclérose [73, 80].

Les voies de signalisation intracellulaires de la prolifération des CML peuvent mettre en jeu différent autre type de signaux : hormis les récepteurs à tyrosine kinase, il y a les récepteurs couplés aux protéines G, mais également les ions calcium qui sont des messagers intracellulaires.

Les récepteurs couplés aux protéines G : les récepteurs couplés aux protéines G (RCPG) appartiennent à une famille de protéines qui possèdent une structure commune constituée de sept domaines transmembranaires. Différents composés comme les neurotransmetteurs, des hormones, des phospholipides, des photons, ou des facteurs de croissance sont capables d'activer des membranes spécifiques de cette famille de récepteurs [81]. Dans des conditions basale, les protéines G existent sous forme d'hétérotrimères $\alpha\beta\gamma$, la sous-unité α étant liée au GDP par (guanosine diphosphate). L'activation du récepteur induit l'échange du GDP par du GTP (guanosine triphosphate) sur la sous-unité $G\alpha$ puis la dissociation de GTP-$G\alpha$ du complexe $G\beta\gamma$. les sous-unités GTP-$G\alpha$ et $G\beta\gamma$ peuvent initier les réponses intracellulaires en agissant sur des effecteurs cellulaires tels que les phospholipases, les cyclases ou en régulant des canaux ioniques et des kinases. Le clonage moléculaire a permis de révéler l'existence d'au moins 17 gènes codant pour $G\alpha$ qui sont divisés en quatre sous-familles : Gs, Gi, Gq, et G12. De la même façon, onze sous-unités $G\gamma$ et cinq sous-unités $G\beta$ ont été identifiées. *Comme beaucoup d'autres types cellulaires, les CML expriment les différentes sous-unités $G\alpha$ mais il y a peu* *d'informations sur l'implication de ces protéines G dans les pathologies vasculaires.*

Plusieurs voies de signalisation intracellulaire sont régulées par les RCPG. Ces voies incluent la voie de l'adénosine monophosphate cyclique (AMPc/proteine kinase A), la voie phosphatidylinositol/calcium/protéine kinase C (PKC) et celle des MAPK. Les mécanismes de couplages entre les protéines G et les voies AMPc et celle des phosphatidylinosotol ont été définies. Les protéines Gs et Gi modulent directement l'activité des protéines adényl cyclases et donc indirectement la concentration du second messager AMPc. Les protéines Gq activent directement la phospholipase β1 (PLC β1) pour le diacylglycérol (DAG) et l'inositol 1, 4, 5-triphosphate (IP3). De nombreux RCPG activent la casade des MAPK, cependant l'identification des différentes protéines impliquées est encores incomplète. Les résultats indiquent que la voie de signalisation qui couple les RCPG et les MAPK implique les sous-unités βγ des protéines G.

Les ions calcium : messagers intracellulaires : Les ions ca^{2+} sont des seconds messagers ubiquitaires responsables de nombreux processus cellulaires [82, 83]. La régulation du métabolisme calcique est vitale pour les CML et l'ensemble des mécanismes de régulation a pour but de maintenir une concentration intracellulaire de calcium libre ($[ca^{2+}]i$) d'environ 0,1 μM lorsque les cellules sont au repos (non stimulé) malgré une concentration extracellulaires de calcium de l'ordre de 1 mM. Lors de l'activation cellulaire (contraction, sécrétion, division, agrégation...), $[ca^{2+}]i$ peut augmenter jusqu'à 1-10 μM. les sources de calcium utilisées par la cellule sont à la fois extracellulaires et intracellulaires. A l'intérieur de la cellule, les mitochondries et le réticulum sarcoplasmique constituent les principales sources de calcium. Dans l'espace extracellulaire, le calcium peut être à l'état libre ou lié aux différents composants de la membrane plasmique. Il existe plusieurs systèmes responsables de l'influx de calcium dans les CML. Les deux classes majeures de canaux calciques sont les canaux dont l'ouverture est dépendante de la dépolarisation membranaire et les canaux dont l'ouverture est indépendante de la dépolarisation membranaire.

III-Phospholipases A2 et athérosclérose

> **Comment les choses sont devenues ce qu'elles sont, c'est cela l'histoire. C'est également les possibles qui n'ont pas été réalisés, les chemins qui s'ouvraient et qui n'ont pas été empruntés...** [Denis Guedj] Mathématicien et romancier français Extrait de *Le théorème du perroquet*

A/ Classification des phospholipases A2

Les phospholipases A2 (PLA2) sont des enzymes diverses synthétisées dans la plupart des tissus [84], qui hydrolysent la liaison sn-2 acyl ester des glycérophospholipides, générant ainsi des acides gras libres et des lysophospholipides (figure 7). Les PLA2 sont impliquées dans des phénomènes cellulaires aussi divers que la digestion des phospholipides et leur métabolisation, la défense de l'organisme contre les infections bactériennes, l'inflammation et la signalisation cellulaire. Deux appellations sont usuellement employées faisant référence à leur localisation, les divisant en deux grandes familles : (tableau 3)

- Les PLA2 sécrétées, découvertes dans les années 1900, de bas poids moléculaire, et comme leur nom l'indique, sécrétées dans le milieu extracellulaire.

- Les PLA2 cytosoliques ou intracellulaires, découvertes plus tard, de haut poids moléculaire, et localisées dans le cytoplasme des cellules.

Ces dénominations tendent à être quelque peu dépassées du fait de la découverte constante de nouvelles PLA2 s'inscrivant difficilement dans cette classification en deux genres. Aussi, Dennis, en 1994 et 1997, a utilisé une classification en types et sous-types prenant en compte la structure primaire et tertiaire des PLA2, leur localisation (sécrétées ou intracellulaires), leur poids moléculaire, leur dépendance au calcium pour être active, et la nature des cellules les synthétisant.

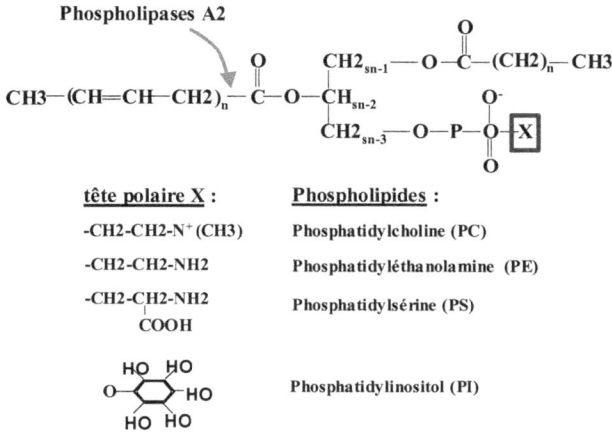

Figure 7 : sites d'action des phospholipases A2

Groupes	Localisations	Tailles (kDa)	Sources tissulaires principales
I	Sécrétée	13-15	Venins de Cobra et de
A	Sécrétée	13-15	Kraits
			pancréas, poumon
B			
II	**Sécrétée**	**13-15**	Foie,intestin, cœur, prostate,
A	Sécrétée	13-15	plaquettes, liquides inflammatoires
	Sécrétée	15	
B	Sécrétée	14-25	Venins de vipères du Gabon

	Sécrétée	14	Testicules
C	Sécrétée	16	Pancréas, poumon, rate
D			Cerveau, cœur, utérus
			Testicules, embryon
E			
F			
III	Sécrétée	16-18	Rein, foie, muscle squelettique
IV	**Cytosolique**	**85**	Ubiquitaire
A (α)		100	Pancréas, foie, cœur, cerveau
		60	
B (β)			Cœur, muscle squelettique
C (γ)			
V	**Sécrétée**	**14**	Coeur
VI	Cytosolique	80-85	Cerveau
VII	Cytosolique	45	Circulante dans le plasma
VIII	Cytosolique	26	Cerveau
IX	Sécrétée	14	Venin de *Conus Magus*
X	Sécrétée	14	Rate, thymus, colon, pancréas

Tableau 3 : Liste non exhaustive de la classification des PLA2

- *Les phospholipases A2 sécrétées :*

Les sPLA2 ont un poids moléculaire moyen de 14 kDa et nécessitent des concentrations millimolaires de calcium pour leur fonctionnement [85]. Les groupes I, II et III sont pour le moment les mieux définis [86]. Le groupe V, caractérisé chez l'homme, le rat et la souris, possède une forte homologie avec la sPLA2 de type IIA et son gène forme avec les gènes codant pour les sPLA2 de type IIA, IIC, IID, IIE et IIF un cluster dans le même locus du chromosome 1 chez l'homme [85, 87]. Ceci suggère que ces six sPLA2 ont évolué à partir d'un gène ancestral commun et que probablement la sPLA2 de type V appartiendrait au groupe II. De récents travaux révèlent que, comme pour la sPLA2 de type IIA, l'expression de la sPLA2 de type V est fortement élevée en association avec des maladies humaines, dans des dysfonctionnement cardiaque et dans l'inflammation.

Les sPLA2 de type III ont été clonée à partir du venin de lézard, de scorpion et d'abeille et présente des structures divergentes par rapports aux sPLA2 des autres groupes : extremités NH2 terminales differente, 4 ou 5 ponts disulfures (au lieu de 6 à 7), et ont un poids moléculaires de 16 à 18 kD [88]. Récemment, Valentin et *coll.* ont cloné chez l'homme une sPLA2 qui présente une homologie avec la sPLA2 de type III [89]. Elle a la particularité d'avoir un poid moléculaire elevée (55 kD) et ces ARNm sont detectés dans le rein, le cœur, le foie et le muscle squelettique.

Une autre PLA2 de faible poids moléculaire désignée sPLA2 de type X a été clonée chez l'homme [90] et la souris [91]. Par la même équipe, la sPLA2 de type X localisée sur le chromosome humain 16, présente seulement 35% d'homologie avec la sPLA2 de type IIA. Elle est exprimée dans les organes digestifs comme l'intestin, le colon, l'estomac ainsi que dans les testicules chez l'homme et la souris. Elle est aussi détectée dans la rate, le thymus, les leucocytes sanguins ainsi que dans le poumon humain, au niveau des cellules endothéliales alvéolaires [92]. Contrairement aux sPLA2 de type II et V qui sont inductibles par de nombreux stimuli, la sPLA2 de type X s'exprime plutôt de manière constitutive. Cependant, l'expression de la sPLA2 de type X est fortement induite dans certains cancers du côlon [93]. La sPLA2 de type X est la principale enzyme sécrétée par les kératinocytes humains cultivés dans un milieu dépourvu de sérum et est négativement régulée par les esters de phorbol [94]. Enfin, une nouvelle sPLA2 présente sur le chromosome 4 (type XII) a été clonée chez l'homme et présente une activité enzymatique faible en comparaison avec les autres sPLA2, suggerant un mode d'action faisant intervenir un récepteur membranaire spécifique [95].

- *Les phospholipases A2 cytosoliques :*

En 1991, une PLA2 a été purifiée à partir du cytosol de nombreuses cellules de mammifères désignés comme la cPLA2 de type IV selon la classification de Dennis [96, 97]. Il existe 3 isoformes de cPLA2 de type IV (IVA, IVB, IVC) appelé également cPLA2 α, β et γ [88]. La cPLA2-γ est indépendante du Ca^{2+} et ne possède pas le domaine CalB, en revanche, elle s'associe aux membranes cellulaires *via* la prénylation [98]. Les deux isoformes ont une activité acylhydrolase *sn-2* et seule la cPLA2-γ montre une préférence pour les substrats phospholipidiques contenant l'AA en position *sn-2,* suggérant sa possible implication dans la mobilisation de l'AA. Les gènes humains des cPLA2-β et -γ sont localisés sur les chromosomes 15 et 19. Parmi les tissus humains étudiés, la cPLA2-β est fortement exprimée dans le pancréas, le cerveau, le cœur et le foie, alors que la cPLA2-γ n'est exprimée que dans le cœur et le muscle [98].

Les PLA2 intracellulaires (iPLA2) sont présentes dans de nombreux tissus [99] et ont été purifiés à partir du myocarde humain [100], du cerveau de bœuf [101], des macrophages de souris P388D1 [102] et du rein de lapin [103]. Elles ont toute une masse moléculaire distincte, indiquant une grande diversité. Récemment, une iPLA2 de 85 Kda a été purifiée et clonée à partir de cellules de *Chinese Hamster Ovary cell* (CHO) [104] ; sa séquence est homologue à la iPLA2 de 85 KD des macrophages P388D1 [105]. Ces deux protéines de 85 Kda ont été classées dans le groupe VI (tableau 3). Ces enzymes sont principalement impliquées dans le remodelage des phospholipides membranaires [106, 107].

Les premiers travaux sur les *Platelet Activating Factor acetylhydrolase* (PAF-AH) ont été effectués sur la forme sécrétée du plasma qui est classée dans le groupe VII (tableau 3). Cette isoforme circule dans le sang sous la forme d'un complexe avec les lipoprotéines [108, 109]. Cette enzyme pourrait être impliquée dans la dégradation du PAF circulant et avoir par conséquent une action anti-inflammatoire. Une activité PAF-AH a aussi été trouvée dans des fractions cytosoliques de différents tissus de mammifères [110, 111] et dans des cellules sanguines humaines [111, 112]. Elle est classée dans le groupe VIII. Ces activités ont une spécificité de substrat pratiquement identique et sont des PLA2 à activité indépendante du calcium. Cependant, elles sont codées par des gènes distincts et les séquences protéiques sont peu homologues. La diversité de la structure des gènes rend certainenement compte de rôles spécifiques de chaque membre de ce groupe.

Le substrat de la réaction, le facteur d'activation plaquettaire (PAF, 1-alkyl-2-acétyl-sn-glycéro-3-phosphocholine) est un phospholipide ayant des fonctions physiologiques et pathologiques diverses dans différentes cellules [113-115]. Le PAF est impliqué dans l'activation des plaquettes, des polynucléaires, des monocytes et des macrophages. Le PAF a été impliqué dans divers processus physiologiques telles que la gestation, le développement fœtal, la parturition, la fonction rénale [108, 115].

Parmi la diversité des PLA2 présentées dans ce chapitre, nous nous limiterons à l'étude de la sPLA2 de type IIA et la cPLA2 de type IVA. Il existe un lien entre ces deux PLA2. En effet, il a été émis une hypothèse selon laquelle une première activation de la cPLA2 est necessaire à l'action de la sPLA2 de type IIA [116, 117].

B/ Rôle de la phospholipase A2 cytosolique de groupe IVA

1-Propriétés enzymatiques

Toutes les PLA2 peuvent *a priori* hydrolyser l'acide gras qui se trouve en position sn-2 d'un phospholipide (figure 12). **Cependant, seule la cPLA2 libère préférentiellement et notablement l'AA** [97, 118, 119]. A cet argument s'ajoutent beaucoup d'autres pour faire de la cPLA2 une candidate privilégiée dans la régulation de la libération de l'AA qui permettra la production de médiateurs lipidiques de l'inflammation.

En premier lieu, elle est exprimée dans la plupart des cellules de mammifères, sa localisation intracellulaire lui permet d'être directement en contact avec le feuillet interne membranaire riche en AA [120, 121]. Ensuite, son mode de régulation par le calcium et des phosphorylations rend possible son activation par des agonistes *via* des récepteurs couplés aux protéines G (RCPG) ou des récepteurs tyrosines kinases qui modifient les concentrations de calcium intracellulaire et stimulent des protéines kinases [122]. Pour terminer, des cytokines inflammatoires telles que le TNFα, l'IFN-γ et l'IL-1 augmentent l'activité et/ou l'expression de la cPLA2 dans différents types cellulaires, dont les cellules épithéliales ou les cellules musculaires lisses [123-127]. *Chez l'homme, les gènes de la cPLA2 et de la COX-2 sont localisés sur le chromosome 1, suggérant que la régulation de leur expression pourrait être coordonnée* [128, 129]. Ce qui semble être effectivement le cas dans les cellules épithéliales pulmonaires humaines où les cytokines citées précédemment augmentent aussi l'expression de la COX-2 [130]. Citons enfin l'existence d'un inhibiteur spécifique de la cPLA2 largement utilisé *in vitro* pour préciser son rôle, il s'agit de l'*arachidonyl trifluorométhyl cétone* (AACOCF3) [131] dont l'utilisation a permis d'inhiber la production d'acide arachidonique par des plaquettes en réponse à la thrombine. Cette molécule ne bloquant pas la sPLA2, permet de confirmer le rôle principal de la cPLA2 dans la production rapide d'eicosanoïdes [132].

La confirmation du rôle préférentiel de la cPLA2 dans la libération d'acide arachidonique devrait la placer au cœur de la réaction inflammatoire, et l'utilisation d'inhibiteurs sélectifs pourrait être d'un grand intérêt thérapeutique [133].

2-Régulation de la cPLA2 de groupe IVA

La cPLA2 a été purifiée et clonée dans différents types cellulaires : la lignée de monocyte U937 [97, 134, 135] et la lignée de macrophage RAW 264.7 [136] [119]. La cPLA2 est exprimée de manière ubiquitaire dans tous les tissus et cellules examinés [137], sauf pour les lymphocytes matures B et T qui ne possèdent pas de niveau détectable de cette enzyme.

L'étude du gène de la cPLA2 a montré que son promoteur ne possède pas de boîte TATA, ni de sites classiques Sp1. Bien que ce gène ne puisse pas être considéré comme un gène de ménage au sens strict, en raison de l'absence de site Sp1 et d'éléments initiateurs, son expression est ubiquitaire et constitutive [118, 137]. Néanmoins, elle possède une séquence polypyrimidine qui semble être responsable de l'expression constitutive de l'enzyme [138].

Au niveau transcriptionnel, l'augmentation de l'expression de la cPLA2 par des cytokines pro-inflammatoires et des facteurs de croissance est observée dans plusieurs types cellulaires (monocytes, fibroblastes, cellules mésangiales, macrophages) [137]. Il est intéressant de noter que de nombreux sites de liaison potentiels pour les facteurs de transcription AP-1, AP-2, NF-κB, C/EBP, PEA3, OCT et GRE activés par les cytokines ont été mis en évidence sur son promoteur [137].

L'ARNm de 3,4 kb de la cPLA2 code pour une protéine de 749 acides aminés et ne possede aucun pont disulfure. *Cette protéine cytosolique de 85 kDa ne présente aucune similarité de séquence avec les PLA2 sécrétées.* Cependant, elle possède une région très conservée, de 126 acides aminés du coté amino-terminal, retrouvée dans diverses protéines se liant aux membranes lipidiques pour leurs fonctions biologiques le domaine calcium dépendant (CaLB : Calcium-dependent Lipid-Binding). Ce domaine CalB est responsable de la grande sélectivité de la cPLA2 à l'égard des phospholipides possédant un AA en position *sn-2* [137]. La fixation du calcium sur ce domaine entraîne la translocation de l'enzyme du cytosol vers les membranes cellulaires [139]. Cette translocation de la cPLA2 est importante pour deux raisons : premièrement, elle permet les interactions enzyme-substrat et deuxièmement, elle permet d'amener cette lipase AA-sélective à proximité de plusieurs autres enzymes cruciales pour la biosynthèse des eicosanoïdes [139]. Les niveaux de calcium nécessaires pour activer la cPLA2 sont inférieurs au micromolaire et compatibles avec les concentrations de Ca^{2+} libérées des réserves cellulaires internes après une stimulation. La cPLA2 possède, d'autre part, un domaine catalytique ayant un motif lipase (Gly-Leu-Ser-Gly-Ser) hautement homologue au motif lipase classique G-X-S-X-G, avec au centre catalytique la Ser 228. En plus de cette Ser 228, un second acide aminé Asp 549 est nécessaire à l'activité catalytique. Il permet, par attraction d'un proton, l'activation de la Ser 228 qui va alors attaquer la liaison ester en position *sn-2* des phospholipides. Cette PLA2 est classifiée comme une sérine estérase ;

cependant, contrairement aux sérine estérases classiques (domaine catalytique Ser-Asp-His), aucune histidine ne participe à son activation catalytique [137]. En revanche, un troisième résidu semble nécessaire, l'Arg 200, qui stabilise le substrat. La mutation des trois résidus Ser 228, Asp 549 et Arg 200 abolit l'activité de la cPLA2 [98]. Contrairement à sa liaison au substrat qui est dépendante du Ca^{2+}, l'activité catalytique de l'enzyme est en revanche indépendante du Ca^{2+}, puisqu'elle est capable, en absence de cet ion, d'hydrolyser les phospholipides.

C/ Rôle de la phospholipase A2 sécrétée de type IIA

- ### Implication de la sPLA2 de type IIA dans l'athérosclérose

Récemment, plusieurs équipes ont mis en évidence la présence de la sPLA2 de type IIA à tous les stades de la lésion d'athérosclérose [140-142]. Contrairement aux vaisseaux sains qui n'expriment pas de sPLA2 de type IIA, dans les lésions d'athérosclérose, la sPLA2 de type IIA est retrouvé en grande quantité au niveau de l'intima où elle se trouve co-localisée avec les CML et les macrophages gorgés de lipides [143]. Dans les lésions d'athérosclérose, la sPLA2 de type IIA est majoritairement extracellulaire, associée aux composants de la matrice extracellulaire, ainsi que dans les régions contenant des gouttelettes lipidiques extracellulaires. L'équipe de Hurt-Camejo a démontré que les CML constituent la principale source de sPLA2 de type IIA dans les artères. Par microscopie électronique, la même équipe a montré que la sPLA2 de type IIA est stocké dans des vésicules au niveau du cytoplasme des CML [144].

Au cours du processus athérogénique, cette enzyme contribuerait à la production d'eicosanoïdes à partir de l'acide arachidonique puisqu'une colocalisation de la sPLA2 et de ces médiateurs lipidiques

55

de l'inflammation a été observée au niveau des plaques d'athérome [143].

Les souris transgéniques surexprimant la sPLA2 de type IIA montrent des lésions athérosclérotiques lorsqu'elles sont soumises à un régime normo lipidique [145]. Ces lésions se développent de manière dramatique lorsque les animaux sont soumis à un régime hyperlipidique enrichi en cholestérol. Des travaux récents ont montré une stimulation de la formation des LDL de petite taille (LDL modifié) corrélée à la présence de sPLA2 dans la paroi des artères pré-athérosclérotiques. D'ailleurs, la sPLA2 peut parfaitement hydrolyser les phospholipides des LDL et des lipoprotéines de haute densité (HDL) *in vitro* [146]. Les LDL modifiées par la sPLA2 montrent une affinité accrue pour les protéoglycanes, ce qui favorise leur agrégation et augmente leur capacité à délivrer du cholestérol aux cellules. De plus, ces LDL ont un effet mitogène sur les CML vasculaires humaines et une agrégation des LDL à la surface de ces cellules a également été observée [147]. Enfin, l'incubation de macrophages avec des LDL et HDL modifiées par la sPLA2 est associée à une augmentation de l'accumulation de lipides intracellulaires, provoquant la formation d'un foyer cellulaire [148]. Dans ces cellules, les LDL oxydés sont d'ailleurs capables d'induire l'expression de la sPLA2 [149].

La corrélation entre l'expression de la sPLA2 de type IIA et le stade de l'athérosclérose prouve clairement que l'induction de la synthèse et la sécrétion de l'enzyme dans la paroi vasculaire est importante non seulement dans la progression mais aussi dans l'initiation du processus d'athérosclérose. Il est donc intéressant de décrypter la cascade d'événements qui, à partir de l'activation de la transcription de la sPLA2 de type IIA par des stimuli pro-inflammatoires, conduisent à une libération accrue de médiateurs lipidiques et au développement de l'athérosclérose.

- Activation de la sPLA2 de type IIA
  1. *Régulation de la sPLA2*

Les inducteurs majeurs de l'expression de la sPLA2 de groupe IIA sont les cytokines pro-inflammatoires impliquées dans la phase aiguë telles que l'IL1α, l'IL1β, le TNFα et les agents élévateurs de l'AMPc qui induisent la transcription et la sécrétion de la sPLA2 de groupe IIA et la production de prostanoïdes pendant plusieurs heures [73, 150-153]. Parmi l'ensemble des effecteurs capables d'activer la sPLA2 nous nous intéresserons essentiellement à la cytokine IL1β et aux agents élévateurs de l'AMPc.

L'induction de l'expression de la sPLA2 de type IIA par l'IL1β est due à une augmentation de la synthèse de l'ARNm puisque cette induction est inhibée par l'actinomycine D, un inhibiteur de la transcription. La détection de l'ARNm de la sPLA2 de type IIA par *northern blot* est observée à partir de 2 à 4 h de traitement par ces cytokines et peut se prolonger 24 à 48 heures après le traitement [73, 154, 155]. L'IL1β régule la transcription du gène de la sPLA2 de type IIA dans les cellules mésangiales de rat et les chondrocytes de lapin avec une élévation des taux de transcription respectivement de 3 et 4 fois. Dans ces cellules, l'ARNm de sPLA2 de type IIA apparaît très stable. La cycloheximide, un inhibiteur de la synthèse protéique, n'empêche pas l'effet de l'IL1β dans les cellules mésangiales ; en revanche, elle diminue le taux d'ARNm sPLA2 de type IIA dans les chondrocytes traités par l'IL1β. Dans les cellules mésangiales de rat, l'induction de la transcription du gène de la sPLA2 de type IIA par l'IL1β dépendrait de l'activation de facteurs transcriptionnels quiescents, sans qu'une traduction protéique soit nécessaire. En revanche, dans les chondrocytes de lapin, l'induction de la transcription du gène de la sPLA2 de type IIA par l'IL1β semble nécessiter une synthèse *de novo* de facteurs de transcription.

L'équipe d'Arita a montré, dès 1990, que la sPLA2 pouvait être induite par la forskoline dans les CML vasculaires de rat, laissant suggérer l'implication de l'AMPc dans ce processus [156, 157]. Dans les cellules mésangiales rénales de rat, un type cellulaire apparenté aux cellules musculaires lisses vasculaires, l'AMPc provoque une stimulation de l'expression du gène de la sPLA2 [158, 159]. L'AMPc est aussi capable de stimuler l'expression de ce gène dans d'autres types cellulaires comme les ostéoblastes [160] et les cellules HepG2 [161]. Une régulation négative de l'expression de la sPLA2 par l'AMPc a été montrée dans les macrophages alvéolaires [162]. Le mécanisme mis en jeu est encore incertain, mais il semble que ce soit par une inhibition du relargage de TNFα, responsable de l'expression de la sPLA2 dans ce type cellulaire [163].

2. *Propriétés enzymatiques*

La sPLA2 hydrolyse les glycéro-phospholipides membranaires. Son activité est strictement extracellulaire, la sPLA2 n'a accès qu'aux feuillets externes de ces membranes [164]. Cependant, les phospholipides qui sont le mieux hydrolysés par la sPLA2 (PS, PE), sont situés en majorité sur le feuillet interne. Par ailleurs l'activité enzymatique de la sPLA2 est très faible sur les membranes de cellules intactes. En effet la pression de surface qui s'exerce au niveau de la membrane cellulaire est trop élevée pour obtenir une activité optimale. *De nombreux travaux montrent que les effets de la sPLA2 ne sont observés qu'en présence d'un "environnement inflammatoire"* [72, 165]. Les résultats sont cependant discordants en fonction du modèle cellulaire étudié. Certains montrent que la sPLA2 entraîne une libération d'acide arachidonique par des cellules mésangiales sous l'action des cytokines pro-inflammatoires (TNF et IL1) [166], d'autres ne retrouvent aucun effet, notamment sur des plaquettes [132]. L'utilisation de macrophages amène à des conclusions contradictoires en fonction des conditions expérimentales [167, 168]. L'ensemble de ces données suggère qu'une perturbation membranaire préalable à l'action de la sPLA2 est nécessaire [165]. L'asymétrie membranaire joue d'ailleurs un rôle important sur les phospholipides et semble devoir favoriser son activité enzymatique. Cette hypothèse demande bien sûr une confirmation. La perte d'asymétrie de répartition des phospholipides membranaires ou "flip-flop" [169], et l'ectocytose ou microvésiculisation, sont deux évènements qui répondent aux exigences de la sPLA2. Le mécanisme proposé par Fourcade *et coll.*, de l'hydrolyse des phospholipides par la sPLA2 de groupe IIA sur des microvésicules lipidiques émises par des cellules, ouvre des perspectives intéressantes dans le domaine de la physiopathologie [170].

3. *Récepteurs membranaires des sPLA2* :

La caractérisation des récepteurs spécifiques des phospholipases A2 a suggéré que la sPLA2 puisse jouer un rôle autocrine ou paracrine [171]. Il existe deux types de récepteurs, N et M, distincts suivant leur taille et leur structure (dimère/monomère), ayant une affinité pour la sPLA2 de l'ordre du nanomolaire. Le type M est exprimé fortement dans les myotubes et présente une bonne spécificité pour la sPLA2 chez l'homme et la souris [172]. Ce récepteur présente des caractéristiques semblables au récepteur du mannose [173]. Le domaine de reconnaissance de la sPLA2 a été identifié [174]. Des expériences ont également montré que l'activation de son récepteur, entraîne la stimulation du proto-oncogène Ras ainsi que d'autres voies activant la prolifération cellulaire [175]. Dans les monocytes, Hernandez *et coll.* ont récemment démontré que certains effets athérogéniques de la sPLA2 seraient exercés *via* son récepteur membranaire [176]. Dans ce cas, la sPLA2 active la cascade des mitogen-activated protein kinase (MAPK) et induit l'expression du ligand Fas à la surface cellulaire. Ces résultats sont en adéquation avec une autre étude ayant montré, dans les cellules d'astrocytome humain, une activation des MAPK et de la cPLA2 par la sPLA2 entraînant une libération d'AA et induisant la prolifération par un mécanisme indépendant de son activité catalytique [177]. Toutes ces données suggèrent un rôle de la sPLA2 *via* son récepteur membranaire dans des processus inflammatoires et prolifératifs par des mécanismes autocrines/paracrines complexes qui sont encore à définir.

4. *Clonage et régulation transcriptionnelle du promoteur de la sPLA2 de type IIA*

La sPLA2 a été clonée à partir de différents tissus de divers organismes et un seul gène a été identifié. Le clonage a tout d'abord été réalisé à partir de liquide synovial de patients atteints de polyarthrite rhumatoïde [178-180]. Le gène a ensuite été cloné dans d'autres tissus : les plaquettes et le placenta humain [179, 181, 182] et la rate, les macrophages alvéolaires, les plaquettes, le foie chez le rat [183-186]. Le gène humain, localisé sur le chromosome 1, comporte cinq exons et quatre introns et s'étend sur environ 5 kb. Les cinq exons chez l'homme codent pour un peptide signal de 20 acides aminés, caractéristiques des protéines sécrétées, directement suivi de la séquence de la protéine mature de 124 acides aminés.

Relativement peu d'études ont tenté de décrypter les éléments du promoteur responsables de l'expression de ce gène.

Le laboratoire des Professeurs G. Béréziat et M. Andreani, que j'ai intégré au cours de ma première année de thèse, a largement étudié les modulations d'expression du gène endogène de la sPLA2 de type IIA.

L'équipe menée par Jean-Luc Olivier a d'ailleurs étudié en détail les mécanismes régulant l'expression de la sPLA2 de type IIA humaine dans les lignées HepG2 et les chondrocytes de lapin [155, 187-190].

Cette équipe a cloné un fragment du promoteur de 2400 pb sur lequel ont été réalisées diverses délétions en 5' et 3'. Il a ainsi été mis en évidence que le fragment du promoteur de la sPLA2 humaine [-326 ;+20] est responsable d'une forte activation du gène et de la réponse à l'IL6 (figure 8). L'étude de ce fragment par empreinte à la DNAse I a délimité 4 éléments dans le promoteur de la sPLA2 humaine. L'un des éléments correspond à la boîte TATA, le deuxième élément est responsable d'une forte activité du promoteur et fixe 6 complexes protéiques differents dont le facteur Sp1 [188], le troisième élément fixe des facteurs C/EBPβ et δ [-200 ; -191] et enfin le dernier élément responsable d'une forte répression de l'activité du promoteur, comporte un site de fixation pour les facteurs de la famille de Nuclear Factor-1 (CTF/NF-1) [-225; -218] qui chevauche un site homologue à certaines séquences de réponse à l'insuline (IRS-like) (TGTTTTG) [190]. Récemment, la même équipe a montré l'implication des facteurs C/EBP dans l'induction de l'expression du gène de la sPLA2 de type IIA dans les chondrocytes de lapin en réponse à l'IL-1β et a identifié la fixation, sur le dernier élément, des récepteurs aux glucocorticoïdes (GR) [187].

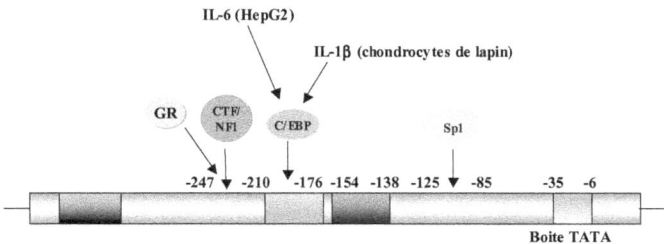

Figure 8 : facteurs se fixant sur le promoteur humain de la sPLA2 de type IIA.

Qu'en est-il chez le rat ? L'équipe de Pfeilschifter décrit le facteur NF-κB comme l'élément clé de la transcription du gène de la sPLA2 de type IIA de rat [191, 192]. Les auteurs ont identifié un site de liaison de NF-κB entre les positions -188 et -180 (GGGCTTTCC). Ils ont montré, par des expériences de retard sur gel, que la cyclosporine A inhibe la liaison de NF-κB à ce site dans les cellules mésangiales de rat. Cependant, aucune expérience n'a montré la fonctionnalité de ce site. De plus, les résultats chez le rat ne sont pas en accord avec la régulation montrée chez l'homme.

En 1998, la première étude réalisée dans les CML d'aorte de rat en culture primaire a été menée au laboratoire par Cyril Couturier, qui s'est intéressé aux mécanismes moléculaires mis en jeu dans l'induction de la sPLA2 de type IIA par l'IL1β [73]. Son travail a montré que l'induction de l'expression de la sPLA2 de type IIA par l'IL1β dans ces cellules se fait de manière dose-dépendante et ne nécessite pas de néosynthèse protéique.

Le décryptage des voies de signalisation mises en jeu a tout d'abord conduit à étudier le facteur NF-κB préalablement identifié par Walker *et coll.* dans les cellules mésangiales de rat [191, 192]. Notre équipe a montré que l'IL1β entraîne, *via* la voie de dégradation de IκB, une augmentation de l'activité de liaison du facteur NF-κB sur un site κB en position [-194; -174] du promoteur de rat. Une autre voie parallèle, la voie cPLA2/PPAR, est également impliquée dans l'expression de la sPLA2 de type IIA en réponse à l'IL1β. Les récepteurs nucléaires aux acides gras : PPARγ et β/δ peuvent se fixer avec leur partenaire de dimérisation RXR, sur un site PPRE de faible affinité situé sur le fragment [-160; -133] du promoteur de la sPLA2 de type IIA de rat, en réponse à leurs ligands ou à l'IL-1β. Plusieurs auteurs ont mis en évidence des régulations croisées entre la cPLA2 et la sPLA2 [117]. Il a d'ailleurs été montré que l'IL1β peut stimuler la libération d'acide gras comme l'acide linoléique ou l'acide arachidonique par la cPLA2 dans des fibroblastes de rat [193]. Ces acides gras, ou leurs métabolites, pourraient être des ligands potentiels des PPAR. Des mesures de libération d'acides gras par chromatographie en phase gazeuse, après stimulation de nos cellules par l'IL1β, et l'utilisation d'inhibiteurs de cPLA2, a permis la mise en évidence de l'implication de la cPLA2 dans l'induction du gène de la sPLA2 par l'IL1β dans notre modèle cellulaire. Le relargage des acides gras est bien attribuable à l'action de la cPLA2 comme l'a confirmé l'utilisation d'AACOCF3, un inhibiteur spécifique de cette enzyme [73].

Plusieurs équipes ont montré une implication des agents élévateurs du taux intracellulaire d'AMPc dans l'expression du gène de la sPLA2 de type IIA dans plusieurs types cellulaires, notamment les cellules musculaires lisses de rat [152, 156, 157, 191, 194]. Nous avons vu que l'expression de la sPLA2 de type IIA dans les CML est également sous le contrôle de l'AMPc. Les effecteurs et les voies de signalisation impliqués dans l'induction du taux d'AMPc au cours du processus athérogène étaient à ce jour inconnu.

Les CML expriment différents récepteurs RCPG (β-adrénergiques, aux prostaglandines…) pouvant stimuler l'adénylyl cyclase, en réponse à divers ligands, retrouvés notamment au niveau des sites de formation des lésions d'athérosclérose. L'AMPc participe à la régulation de l'expression de la sPLA2 en agissant de manière synergique avec les cytokines pro-inflammatoires.

En 1999, la publication d'un article par notre équipe a confirmé les résultats antérieurs montrant l'induction de l'expression du gène de la sPLA2 de type IIA par différents agents élévateurs du taux d'AMPc intracellulaire. Cependant, pour la première fois, une étude des mécanismes moléculaires mis en jeu a été menée [195]. L'induction du gène de la sPLA2 de type IIA dans les CML d'aorte de rat par l'AMPc, est fonction du temps et de la dose d'effecteur utilisée. Il est connu que l'AMPc intracellulaire stimule la protéine kinase A (PKA). Parmi les multiples cibles moléculaires de la PKA, la plus connue est le facteur CREB. En effet, dans de nombreux types cellulaires, la réponse de gènes cibles de l'AMPc est gouvernée par la présence d'élément CRE au niveau des promoteurs de ces gènes, sur lesquels se fixent des facteurs transcriptionnels CREB activant la transcription. La PKA intervient en phosphorylant la protéine CREB, permettant le recrutement du cofacteur CBP et l'activation des gènes cibles. Une analyse informatique de la séquence du promoteur de la sPLA2 de type IIA de rat n'a pu mettre en évidence de site CRE potentiel (TGACGTCA). D'ailleurs, lors d'expériences de retardement sur gel, l'utilisation d'une séquence consensus CRE radiomarquée avec des extraits nucléaires de cellules induites par la forskoline n'a pas permis de mettre en évidence une augmentation significative de la fixation de facteurs sur cette sonde. En revanche, deux sites de liaison putatifs pour le facteur de transcription C/EBP en position [-235/-222] et [-291/-277], nommés respectivement C/EBP1 et C/EBP2, ont été identifiés. L'analyse de ces deux sites par retardement sur gel montre que seul le site C/EBP1 est fonctionnel. La fixation de facteurs sur cette sonde est fortement induite par l'élévation d'AMPc intracellulaire et peut être bloquée par un inhibiteur de la PKA, ce qui suggère l'implication de ce motif dans la régulation de l'induction du gène de la sPLA2 de type IIA par l'AMPc dans notre modèle d'étude. Les facteurs nucléaires appartenant à la famille C/EBP se fixent sur un même motif CAAT. Aussi, afin de déterminer les isoformes mises en jeu dans la régulation du gène de la sPLA2 de type IIA par l'AMPc, des expériences de retardement sur gel avec la sonde C/EBP1 en présence d'anticorps spécifiques de C/EBPα, C/EBPβ et C/EBPδ ont été realisées. Ainsi, seuls l'implication des facteurs C/EBPβ et δ dans l'induction du gène de la sPLA2 de type IIA dans les CML a pu être demontrée.

La fonctionnalité du site C/EBP1 a été testée, par transfection transitoire des CML, à l'aide d'une construction chimérique, possédant quatre sites C/EBP1 en amont du promoteur minimal de la pyruvate kinase, fusionné au gène reporter luciferase. Avec cette construction chimérique, notre équipe a montré une induction par l'AMPc, qui est, de plus, dépendante de l'activité PKA, comme l'a montré la co-transfection d'un vecteur d'expression de la sous-unité catalytique de cette protéine, ainsi que l'utilisation de son inhibiteur.

Cette étude est la première à mettre en évidence un mécanisme nucléaire de régulation du gène de la sPLA2 de type IIA par l'AMPc, dans les CML d'aorte de rat. Contrairement à ce qui aurait été prévisible, les facteurs de la famille de CREB ne semblent pas mis en jeu. L'induction de l'expression de la sPLA2 de type IIA par la voie AMPc/PKA *via* l'activation des facteurs C/EBP est une voie originale puisqu'une étude bibliographique montre que seuls sept autres gènes sont régulés par cette voie dont le premier identifié fut le gène de la PEPCK (PhosphoEnolPyruvate CarboxyKinase) [196]. Ces gènes sont impliqués dans la néoglucogénèse, la stéroïdogénèse, la différentiation adipocytaire et la synthèse des acides gras. Le rôle des facteurs C/EBP a été, à chaque fois, confirmé dans ces processus biologiques. L'activation des facteurs C/EBP par une élévation du taux d'AMPc dans ces systèmes est due soit à une augmentation de la translocation des facteurs C/EBP du cytosol vers le noyau soit à une induction de l'expression des gènes C/EBP *via* un site CRE localisé sur le promoteur de ces gènes. Si la translocation de C/EBP par la voie AMPc/PKA est bien établie, on ne connait pas précisément le mécanisme. Ces facteurs possèdent un domaine constitutivement actif et un domaine inductible par l'AMPc similaire à celui de CREB, mais seul l'isoforme C/EBPβ possède sur ce domaine un site de phosphorylation par la PKA [196]. Deux mécanismes peuvent expliquer l'activation du facteur C/EBP par la PKA. Le premier est similaire au mécanisme de régulation de CREB, à savoir une phosphorylation directe de C/EBPβ par la PKA permettant sa translocation dans le noyau des cellules où il peut recruter un co-activateur et transactiver l'expression des gènes cibles. Le deuxième fait intervenir un mécanisme indirect, où la PKA activerait un cofacteur, qui, après phosphorylation, se fixerait sur le domaine inductible de C/EBP. Cette dernière hypothèse est supportée par une récente étude ayant montré que la phosphorylation d'un cofacteur peut sélectivement moduler l'activité transactivatrice des facteurs de transcription qui interagissent avec lui [197]. L'identification et la caractérisation des co-activateurs de C/EBP serait nécessaire pour comprendre pleinement la régulation des gènes par ces facteurs de transcription.

Afin de mieux comprendre les régulations de l'expression de la sPLA2 de type IIA par l'IL-1β et la forskoline, l'étude du promoteur de la sPLA2 de type IIA a été entreprise au laboratoire. La publication en 1990 de la séquence partielle du gène de la sPLA2 de type IIA de rat par l'équipe d'Arita [198] a permis d'amplifier une partie de la région promotrice de ce gène, s'étendant de la région -488 en amont du site d'initiation de la transcription à la position +46 en aval de celle-ci, que notre équipe a cloné en amont du gène rapporteur luciférase. La même année, deux autres équipes ont publié des séquences partielles du gène de la sPLA2 de type IIA de rat. Komada a publié la séquence correspondant à la région [-318; +3043] du gène [199] et Kusunoki la région [-492;+2808] [186]. Ce n'est que très récemment que l'équipe de Pfeilschifter a publié la séquence du promoteur de la sPLA2 de type IIA longue de 2694 paires de bases [200].

Une comparaison des séquences rat/souris a permis de démontrer que les séquences entre ces deux espèces sont homologues à 74% et, de plus, que les sites C/EBP1 et NF-κB sont très bien conservés. En revanche, le site de fixation de PPAR [-160 ;-133] identifié chez le rat est inexistant chez la souris ; néanmoins, recemment, un autre site a été caractérisé dans la région [-908 ;-888] chez le rat [200].

L'étude fonctionnelle du promoteur du gène de la sPLA2 de type IIA menée dans les CML d'aorte de rat a permis de caractériser les éléments de régulation transcriptionnelle nécessaires à la régulation de l'expression du gène de la sPLA2 de type IIA par l'IL-1β et la forskoline. Cette étude a permis de préciser que:

- Les sites de fixation pour les facteurs NF-κB [-194;-174] et PPAR [-160;-133] mis en évidence au laboratoire sont de faible affinité ce qui laisse supposer que d'autres éléments du promoteur sont impliqués dans l'induction par l'IL-1β [73]. D'autres sites ont été depuis analysés. La fonctionnalité de ces sites et leur contribution à la régulation du gène de la sPLA2 de type IIA par l'IL-1β a été étudiée par transfection transitoire des formes sauvages et mutées de ces séquences dans les CML de rat [201].

Le promoteur [-488; +46] de la sPLA2 de type IIA de rat présente une forte activité basale.

- La région proximale [-156;+42] est sensible à la voie d'action de l'IL-1β par l'intermédiaire du facteur NF-κB qui se fixe sur le site à [-141/-131].

- La région distale [-488;+157] se comporte comme une unité de régulation autonome de signalisation par l'AMPc *via* la protéine kinase A (PKA). Cette région est composée des sites de reconnaissance pour les facteurs C/EBP et pour le complexe AP1. Le rôle du facteur C/EBP dans le contexte de ce promoteur semble essentiel à son activation par l'AMPc et l'IL-1β. D'ailleurs, notre équipe a montré une forte accumulation du facteur C/EBPβ dans le noyau. Nous avons également démontré pour la première fois que cette région est également stimulée par le facteur Ets (Erythroblastosis virus twenty six) [-184/-180] suivant la voie de signalisation de Ras lors de l'induction par l'IL -1β.

Ces deux régions préalablement définies se sont révélées nécessaires et suffisantes à la synergie d'action des voies de l'AMPc et de l'IL-1β en créant plusieurs interactions fonctionnelles entre des facteurs de nature différente et en permettant probablement le recrutement des facteurs de remodelage de la chromatine comme le facteur YY1 (yin yang 1) et l'intégrateur transcriptionnel CBP/p300. L'identification d'une nouvelle voie d'activation de la sPLA2 de type IIA, la voie Ras, apporte une nouvelle dimension dans la compréhension du rôle de la sPLA2 de type IIA dans la prolifération des CML au cours de l'athérosclérose. [201] (figure 9).

L'organisation du promoteur de la sPLA2 de type IIA est totalement original et ce travail a permis de proposer un modèle de transcriptosome d'un gène de l'inflammation particulièrement important dans la progression de l'athérosclérose

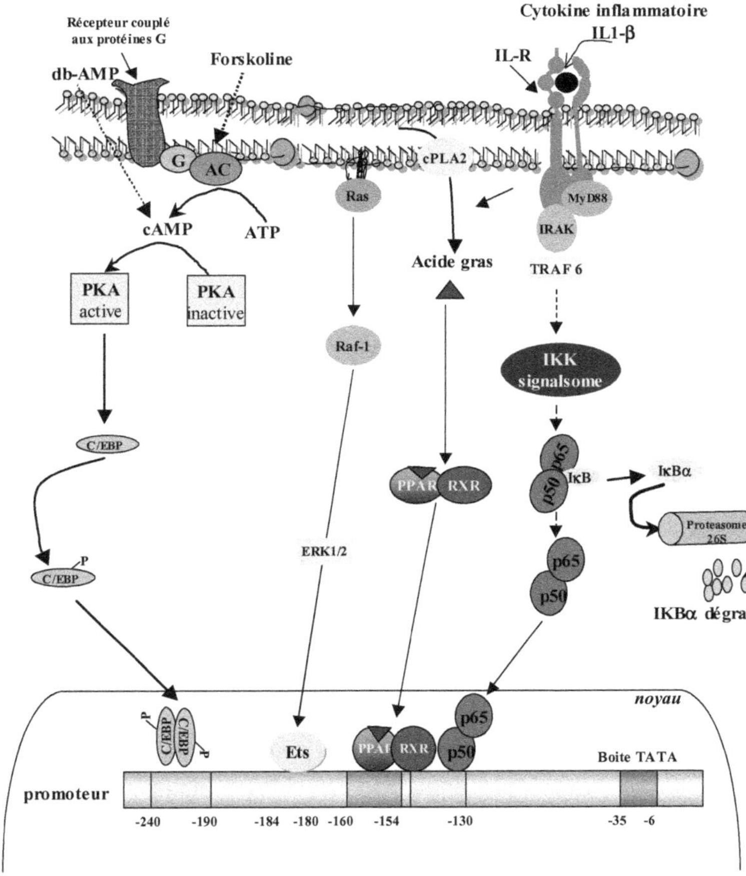

Figure 9 : résumé de la régulation de l'expression du gène de la sPLA2 de type IIA de rat par l'IL1β et l'AMPc.[73, 195, 201]

C/EBP : CAAT/Enhancer Binding Protein
IKK signalsome : IKB Kinase signalsome
IL-R : récepteur de l'IL1β
PKA : protéine kinase A
cAMP : adénosine 3',5' monophosphate cyclique
ATP: adenosine 5' TriPhosphate
AC : Adénylate cyclase
PPAR: peroxisome proliferator activated receptor
RXR: retinoid x receptor
ERK1/2 : mitogen-activated protein kinase

Chapitre II : Les acides gras et le cholestérol

« Il existe trois catégories d'amis : ceux, comme la nourriture, sans lesquels on ne pourrait pas vivre ; ceux comme les remèdes, dont on a besoin à l'occasion ; et ceux comme la maladie dont on ne veut à aucun prix »
[Salomon Ibn Gabirol]

I- Les acides gras polyinsaturés

Les acides gras sont des lipides constitués d'une chaîne hydrocarbonée avec, à une extrémité, un groupement acide et à l'autre un groupement méthyle :

$$CH_3\text{-R-COOH}$$

Cette chaîne hydrocarbonée peut être saturée ou insaturée. **Les acides gras saturés**, c'est à dire dont toutes les liaisons chimiques sont saturées, sont linéaires. **Les acides gras insaturés** comportent une ou plusieurs doubles liaisons. *Les acides gras polyinsaturés (AGPI)* sont caractérisés par la présence dans leur chaîne hydrocarbonée d'au moins deux doubles liaisons. La plupart des AGPI à longue chaîne sont en configuration "*cis*", c'est-à-dire que les radicaux sont situés d'un même côté de la double liaison. Ainsi, à chaque double liaison, la chaîne carbonée présente une courbure avec un angle de 120°C.

Les acides gras sont désignés, selon la nomenclature, en fonction du nombre de carbone x, du nombre de doubles liaisons Y et de la place de la première double liaison z (par rapport à l'extrémité méthyle). Par exemple, l'acide linoléique est désigné C18:2 n-6 car il possède une structure à 18 atomes de carbone comprenant deux doubles liaisons, la première double liaison se situant sur le sixième carbone.

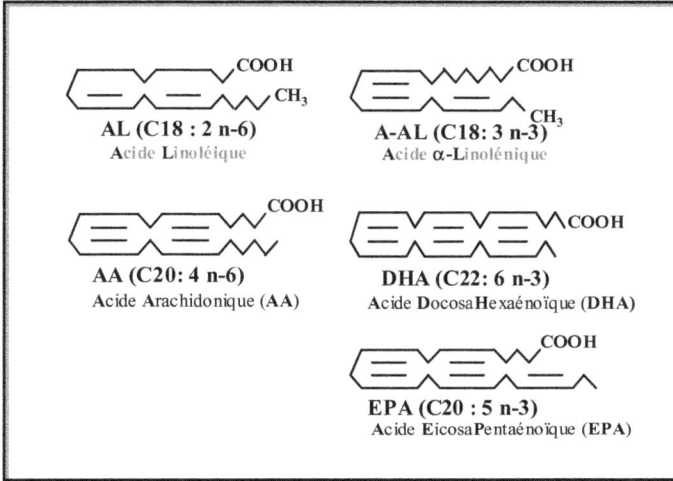

Figure 10 : La structure des principaux acides gras polyinsaturés
(Les acides gras dont le nom est inscrit en rouge représentent les acides
gras essentiels)

A/ Les acides gras essentiels

Personne n'est indispensable mais tout le monde est nécessaire. *Contributeur* [Michel Leriche]

La définition de l'essentialité d'un acide gras pour une espèce animale donnée est liée à l'activité de systèmes enzymatiques capables de produire certaines doubles liaisons sur des acides gras longs ou très longs. En l'absence de ces enzymes, l'animal devient dépendant des apports exogènes et des nutriments qui fournissent ces acides gras polyinsaturés, alors dits essentiels, pour éviter tout signe de carence [202]. Par ailleurs, les lipides alimentaires solubilisent un certain nombre de substances vitaminiques (vitamines liposolubles), dont la carence est responsable de

71

pathologies variées, et dont les besoins sont de mieux en mieux précisés dans les différentes situations physiologiques [203].

Il est difficile, à l'heure actuelle, de dire si un acide gras joue un rôle irremplaçable par lui-même ou si c'est un de ses dérivés qui est important. Néanmoins, **un acide gras est essentiel pour une espèce animale si, apporté dans l'alimentation, il permet de prévenir ou de guérir complètement certains des symptômes résultant d'une exclusion totale des lipides du régime** [188].

Deux acides gras sont actuellement considérés comme essentiels chez l'homme : l'acide linoléique (C18:2, n-6) et l'acide α-linolénique (C18:3, n-3) [204].

Le caractère essentiel de l'acide linoléique est connu de longue date. Pour l'acide α-linolénique, les informations sont beaucoup plus récentes et les cas de carence humaine sont rares.

- **L'acide linoléique (C18:2, n-6)**

Premier acide gras de la famille n-6, l'acide linoléique est essentiel chez l'homme, chez tous les mammifères en général, et chez beaucoup d'autres espèces animales [205]. Chez l'homme, les symptômes de déficiences en acide linoléique sont plus nets pendant la période périnatale, du fait des besoins accrus durant cette période de croissance rapide (notamment cérébrale), coïncidant avec des apports assez limités.

➤ Le nouveau-né dispose d'un stock très restreint d'acide linoléique (environ 1 % du tissu adipeux), et a besoin d'environ 3 % d'apports caloriques. Le lait maternel fournit largement ces besoins, mais le lait de vache en contient insuffisamment (1,5 %). Des études récentes ont montré que le cerveau en développement est particulièrement sensible à la carence en acide linoléique, notamment pendant les étapes de myélinisation [206]. Puis les lipides vont constituer plus de la moitié du poids sec du cerveau [207].

➢ Chez l'adulte, les besoins sont moindres, ils ont été évalués de 1 à 2 % d'apports caloriques. Les symptômes (sécheresse de peau, Rash) apparaissent au bout de quelques semaines de renutrition parentérale totale, dépourvue de lipides.

➢ Chez la femme enceinte ou allaitante, un supplément en acide linoléique est indispensable. Un apport de 1 % en plus de l'apport de l'adulte (soit environ 3 % des calories totales) est conseillé dans ce cas.

- L'acide α-linolénique (C18:3, n-3)

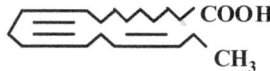

Premier acide gras de la famille n-3, son caractère d'acide gras essentiel paraît maintenant bien établi. Il est le précurseur de substances métaboliques très actives (EPA, DHA).

La principale démonstration du caractère essentiel de l'acide α-linolénique a été fournie par l'observation des symptômes de carence, apparue après plusieurs mois de nutrition parentérale totale. La quantité nécessaire semble être de 0,5 à 1 % de l'apport calorique [208].

B/ Sources des acides gras polyinsaturés

- L'acide linoléique (C18:2, n-6) est un constituant important de certaines huiles végétales (l'huile de tournesol et celle de pépins de raisins en contiennent 60 à 70 %, l'huile de noix et celle de maïs 50 à 55 %, celle de soja 50 %, celles d'arachide et de colza 25 %). Les graisses animales, dont le beurre, en contiennent très peu. Les margarines végétales peuvent contenir jusqu'à 20 % d'acide linoléique du fait de l'incorporation d'huiles, mais le traitement qu'elles subissent change la configuration des acides polyinsaturés qui, normalement en position *cis*, active, se retrouvent en position *trans*.

- *L'acide arachidonique* **(AA),** ultime dérivé actif de la famille n-6, est apporté en quantité suffisante par l'alimentation, notamment dans les viandes. Cet acide gras est important pour le nourrisson et le lait de femme en apporte notablement (4 à 5 %) [209].

- L'acide α-linolénique (C18:3, n-3) est indispensable, car non synthétisé par l'organisme. Il se trouve en faible quantité dans les huiles végétales, dont celles de soja (7 %), et surtout de colza (10 %). Par le même mécanisme de désaturation et d'élongation que l'acide linoléique, l'acide α-linolénique donne naissance à des acides gras longs, précurseurs de dérivés actifs, comme l'acide eicosapentaénoïque (EPA) et l'acide docosahexaénoïque (DHA), dont les graisses d'animaux marins sont riches, car les très longues chaînes n-3 sont synthétisées dans le phytoplancton [210] [208].

C/ Fonctions des Acides Gras Polyinsaturés dans l'organisme

Les lipides ont un rôle énergétique important, mais également un rôle fondamental dans la composition des membranes des cellules, des noyaux, et du tissu nerveux. Les AGPI dérivés des acides gras essentiels sont plutôt utilisés pour des fonctions structurales ou de synthèse des médiateurs lipidiques de première importance.

- ***Rôle structural***

Les acides gras sont des constituants majeurs des lipides de toutes les membranes cellulaires. Les AGPI sont connus pour jouer un rôle important dans la fluidité des membranes cellulaires [211]. Contrairement aux AGPI, les membranes dont les phospholipides sont riches en acides gras saturés forment une structure membranaire dense et rigide (figure 11).

La fluidité membranaire est un élément important pour le maintien de l'activité normale d'enzymes membranaires comme la Na^+K^+-ATPase, la 5'-nucléotidase ou l'adénylyl cyclase [212]. Elle influencerait également l'activité et l'affinité des récepteurs, la perméabilité membranaire mais aussi les processus de transport, de sécrétion, de prolifération et de fusion cellulaire. Il est à noter que toutes ces activités sont affectées par le degré d'insaturation des membranes mais ne sont pas toujours corrélées à une modification mesurable de la fluidité.

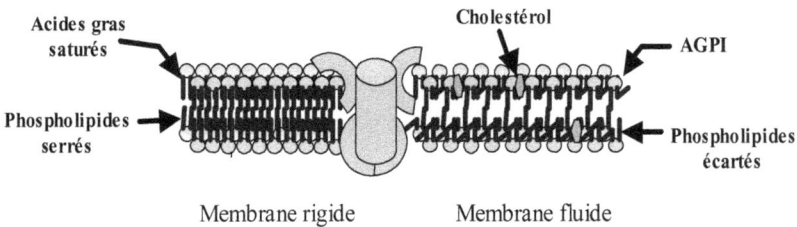

Figure 11 : représentation schématique d'une membrane rigide et d'une membrane fluide d'après Rombi (1995) [213]

- **Médiateurs lipidiques**

Les AGPI sont à l'origine de médiateurs cellulaires particuliers résultant de leur oxygénation en eicosanoïdes, qui sont de puissants régulateurs de nombreuses fonctions cellulaires. Seuls les AGPI sous forme libre pourront être engagés dans les voies de biosynthèse des eicosanoïdes :

75

ils doivent donc être dissociés des phospholipides par l'action d'une phospholipase (généralement la phospholipase A2). De tous les médiateurs produits par les cellules, aucun n'a suscité autant d'intérêt que les eicosanoïdes, dérivés oxygénés de l'acide arachidonique [214, 215]. L'acide arachidonique (AA) est un élément essentiel des membranes plasmiques. Il est estérifié essentiellement dans les phospholipides (PL) en majorité dans les phosphatidylcholines (PC) suivi des phosphatidyléthanolamines (PE) [216] en sn-2, et en quantité plus faible avec le cholestérol ou dans les triglycérides. Les PL sont parmi les composants fondamentaux des membranes cellulaires. Ils s'organisent spontanément en bicouche, leur pôle hydrophile tourné vers l'extérieur de la membrane. La répartition de l'AA au sein des phospholipides varie selon le type cellulaire [217]. De nombreuses équipes tentent de décrypter les mécanismes physiologiques et physiopathologiques qui régulent l'expression des enzymes conduisant à la production des prostaglandines (PG), des thromboxanes (TX), des leucotriènes (LT), des acides hydropéroxy- et hydroxicosatétraénoïques (HPETE et HETE), des lipoxines, et des époxydes [218-220]. Encore récemment, l'intérêt n'a pu que s'accroître, lorsqu'il a été montré que certains de ces eisosanoïdes régulaient l'expression des gènes par l'intermédiaire de récepteurs nucléaires les PPAR [221-223], ce qui permet d'expliquer la localisation des principales enzymes du métabolisme de l'AA au niveau de la surface externe de l'enveloppe nucléaire [224, 225].

La compréhension des mécanismes de libération de l'AA à partir des phospholipides membranaires fait aussi partie des avancées de ces dernières années [86, 106]. Elles ont permis, entre autres, de constater que les effets biologiques de l'AA ne provenaient pas seulement de sa transformation en eicosanoïdes [226], mais que l'AA pouvait être considéré comme un second messager à part entière.

Production et rôle des eicosanoïdes

1. *La voie de la cyclooxygénase*

La conversion de l'AA en prostaglandines, médiateurs importants de l'inflammation, est régulée par les cyclooxygénases (COX), enzymes limitantes de cette réaction. Les COX ou prostaglandines endopéroxydes H synthétases (PGHS) catalysent l'oxydation de l'AA en prostaglandine H2 (PGH2) et l'EPA en PGH3. Deux étapes sont néccéssaires, qui révèlent la double activité enzymatique des COX. Tout d'abord, elles insèrent deux oxygènes dans l'AA, l'un au niveau du carbone 11, l'autre au niveau du carbone 15, ce qui conduit à la formation de l'endopéroxyde instable (PGG2). C'est l'activité cyclooxygénase proprement dite. Ensuite, la fonction péroxyde du carbone 15 est réduite pour aboutir à la PGH2. Il s'agit dans ce cas d'une activité hydroperoxydasique. La PGH2 peut alors devenir le substrat de diverses enzymes qui forment les divers PG et TX. Dans ces mécanismes, les dérivés de l'EPA entrent en compétition avec ceux de l'AA et aboutit à la formation de prostanoïdes différents de la série 3 (figure 12).

Il existe plusieurs isoformes de COX, la COX-1, la COX-2 et la COX-3 [219, 227]. Jusqu'en 1991, seule la COX-1 était connue. Cette année-là, Herschmann isolait une protéine dont l'expression était induite dans les fibroblastes et possédait 60 % d'homologie avec la COX-1. Les travaux qui suivirent montrèrent qu'il s'agissait d'une PGHS différente de la COX-1 appelée alors COX-2 [228, 229]. Comme les premières études indiquèrent, d'un côté, que la COX-2 est généralement indispensable dans les tissus, mais que son expression peut être rapidement induite par des facteurs de croissance ou des médiateurs inflammatoires et, de l'autre, que la COX-1 est retrouvée dans la plupart des tissus, la COX-1 est dite constitutive et la COX-2 inductible. Cette terminologie est cependant trompeuse puisque, par exemple, la COX-2 est constitutive dans les cellules épithéliales [230], et que la COX-1 voit son expression régulée dans les cellules endothéliales et les mastocytes par des facteurs de croissance [231, 232]. Elle est malgré tout conservée pour rendre compte des rôles physiologiques de la COX-1 (protection de la muqueuse gastro-intestinale, régulation de la fonction plaquettaire, du flux sanguin et de la fonction rénale) et des rôles physiopathologiques de la COX-2 (inflammation, fièvre, douleur) [219, 233]. L'expression de la cyclooxygénase-2 (de même dans une moindre mesure la COX-1) est régulée notamment par la concentration de cytokine IL1-β et permet d'induire la sécrétion de quantités élevées de prostaglandines (PGE2).

Dans un article paru dans le PNAS (Proceedings of the National Academy of Sciences) [234], l'équipe de Simmons met en évidence une nouvelle isoenzyme des cyclooxygénases, la COX-3, et de deux variantes de la COX-1, qui correspondent toutes au gène de la COX-1 mais avec des différences portant sur les introns ou les exons ce qui conduit à la synthèse de protéines différentes. La COX-3 a été découverte grâce à l'étude des mécanismes d'action des anti-inflammatoires non stéroïdiens (AINS) [227]. Cette COX-3 est présente chez l'homme dans le cortex cérébral et à un niveau moins élevé dans le cœur. C'est une protéine de 65 kD; elle est traduite à partir d'un ARNm de 5,2 kb, qui donne naissance à une protéine de 65 kD. Elle est issue du même gène que la COX-1 mais l'ARNm conserve le premier intron de 90 pb, qui est normalement épissé dans l'ARNm de la COX-1; Ceci ajoute une séquence de 30 acides aminés dans le peptide signal chargé de l'adressage mais qui ne semble pas perturber l'exportation de l'ARNm à l'extérieur du noyau, sa traduction et l'ancrage aux membranes de la protéine COX-3 [234]. La COX-3 est glycosylée, a une activité COX efficace et elle est sensible à un AINS l'acetaminophen.

Comme les deux autres COX, COX-3 est impliqué dans la synthèse des prostaglandines et joue un rôle dans la douleur et la fièvre. Cependant, à la différence de COX-1 et de COX-2, COX-3 semble n'avoir aucun rôle dans l'inflammation.

Chandrasekharan *et coll*, décrivent aussi deux autres variants issus du gène COX-1 et appelés pCOX-1 (partial COX-1) car leurs ARNm comportent une délétion, en phase avec le cadre de lecture, des exons 5 à 8. La pCOX-1a (53 kDa) comporte la séquence additionnelle de 30 aa dans le peptide signal et une délétion de 219 aa dans le domaine catalytique, qui la prive de toute activité COX; la pCOX-1b est identique à la COX-1 car elle n'a pas les 30 aa amino-terminaux supplémentaires et comporte la même délétion que la pCOX-1a. Cependant, aucune fonction n'est encore connue pour les deux protéines pCOX-1.

Actuellement les effets des dérivés cyclooxygénés sur l'expression des gènes *via* des récepteurs intranucléaires sont encore à un stade embryonnaire. Au contraire, leurs actions extracellulaires, autocrines ou paracrines, *via* leurs récepteurs membranaires, ont fait l'objet d'études approfondies depuis une dizaine d'années [220, 235]. Les différents sous-types de récepteurs des PG et TX font partie de la superfamille des RCPG [236]. Par exemple, la prostacycline (PGI2) est souvent à l'origine de la vasodilatation qui précède l'arrivée des cellules inflammatoires. En revanche, la prostaglandine E2 (PGE2) est connue pour être l'un des médiateurs de l'inflammation les plus athérogéniques [237, 238].

La figure 12 représente le métabolisme des eicosanoïdes issus de l'acide arachidonique et de l'EPA par le biais d'enzymes spécifiques. La prostacycline, la prostaglandine E2 et le thromboxane A2, issus de cette voie, possèdent les activités biologiques les plus puissantes (tableau 4).

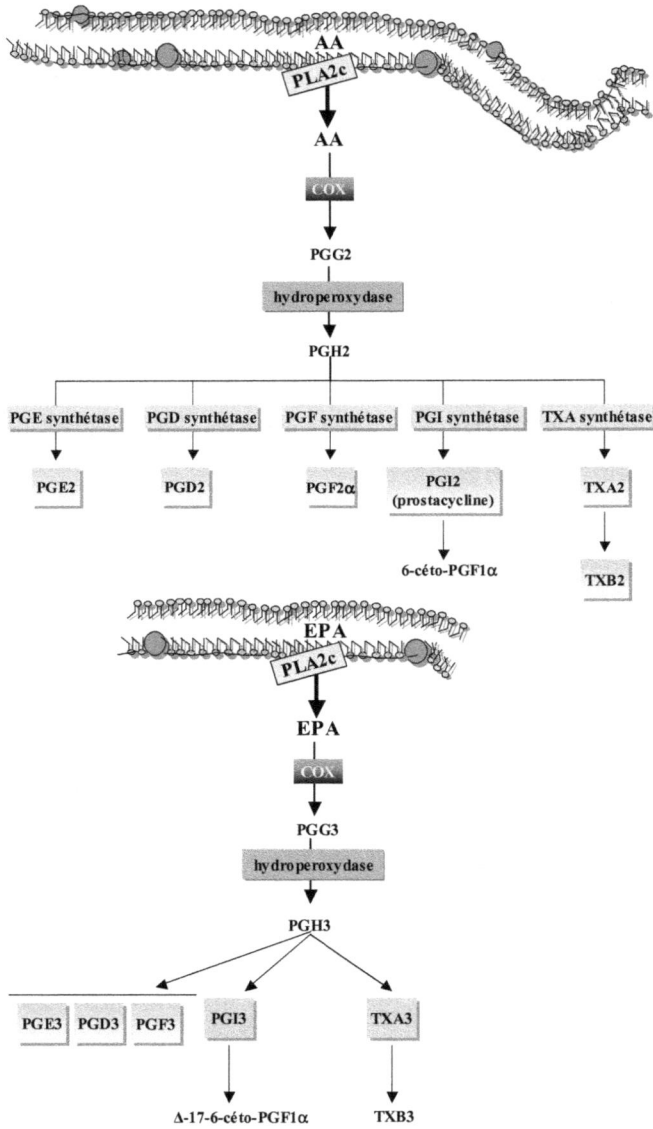

*Figure 12 : métabolisme de l'acide arachidonique (**AA**) et de l'acide*

*eicosapentaénoïque (**EPA**)*

(PG : Prostaglandine, TX : thromboxane, PGG :endoperoxyde)

2. La voie de la lipoxygénase

Les lipoxygénases (LO) sont au nombre de trois [218]. La réaction de départ qu'elles catalysent, une dioxygénation, est toujours la même, et permet l'insertion d'une molécule d'oxygène au niveau d'un carbone insaturé de l'AA, donnant comme métabolite un hydroperoxyeicosatétranoïque (HPETE). Ce qui différencie les trois LO, ce sont les positions variées où cette activité de dioxygénase s'exerce sur l'AA : le carbone 5 pour la 5-LO, le carbone 12 pour 12-LO et le carbone 15 pour la 15-LO.

Les dérivés de la 5-LO, particulièrement les leucotriènes, exercent de nombreux effets qui les placent parmi les médiateurs les plus importants dans l'inflammation [220]. Comme pour les dérivés cyclooxygénés, leurs actions passent par des récepteurs membranaires de la superfamille des RCPG, mais aussi par des récepteurs nucléaires. L'exemple du LTB4 est ici très significatif. Ce lipide possède des propriétés chimiotactiques, particulièrement importantes dans le recrutement des cellules inflammatoires. Or, sur les neutrophiles, l'activation de l'effet chimiotactique serait médiée par la stimulation des récepteurs membranaires du LTB4, tandis que les récepteurs nucléaires PPARα interviendraient dans la terminaison de la réponse inflammatoire au LTB4 [221, 239].

La 12-LO a initialement été isolée dans les plaquettes, où son activité a été mesurée à la fois dans le cytosol et dans le noyau et nécessite une translocation à la membrane dépendante du calcium [240]. Deux autres formes ont été isolées, puis clonées, dans les leucocytes et les cellules épithéliales de trachée [241, 242].

Les lipoxygénases peuvent oxygéner d'autres AGPI que l'acide arachidonique. En effet, l'EPA peut être métabolisé en leucotriènes de la série 5, en hydroxyeicosapentaenoïque (HEPE) (voir figure 13).

Les activités biologiques des principaux eicosanoïdes de la voie de la lipoxygénase sont données dans le tableau 4.

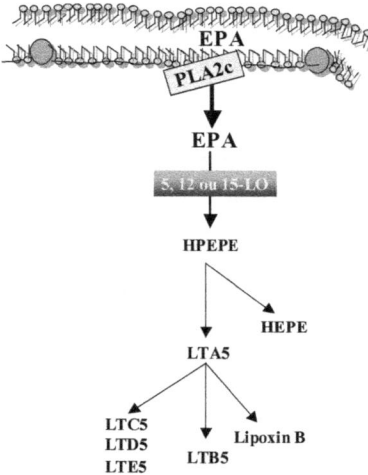

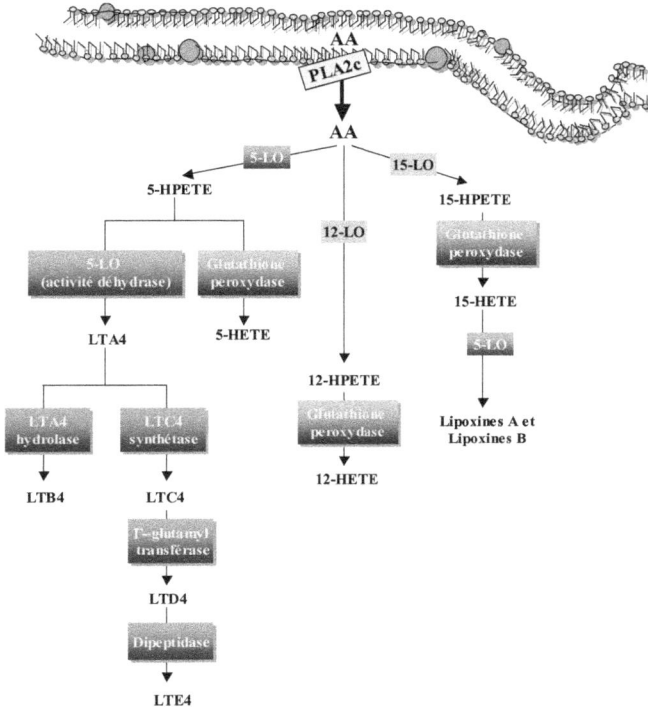

*Figure 13 : métabolisme de l'acide arachidonique (**AA**) et de l'acide eicosapentaénoïque (EPA)*

(LT : leucotriène, HPETE : hydroperoxyeicosatétraénoate, HETE : hydroeicosatétraénoate, HEPE : hydroxyeicosapentaenoïque, HPEPE : hydroperoxyeicosapentaenoïque)

3. La voie du cytochrome P-450

Les monooxygénases du cytochrome P-450 (CYP) représentent une famille d'hémoprotéines, qui sert d'accepteur terminal dans le système d'oxydation NADPH-dépendant. Alors que les COX et LO sont des dioxygénases nécessitant peu de cofacteurs, les monooxygénases du CYP nécessitent de nombreux cofacteurs tels que NADPH/NADH, une flavoprotéine, la

83

NADPH-CYP réductase, et le cytochrome b5. La voie du cytochrome P-450 permet, en autre, la synthèse d'époxydes à partir de l'acide arachidonique, les époxyeicosatétraénoïques (EET ou époxydes). Cette époxydation génère 4 EET : 5.6-, 8.9-, 11.12-, et 14.15-EET [243]. L'EPA peut également être métabolisé par la voie du cytochrome P-450 principalement en acide 17(18)-époxy-eicosatétraénoïque (figure 14). Les activités biologiques, encore mal connues, des principaux eicosanoïdes de la voie du cytochrome P-450 sont données dans le tableau 4.

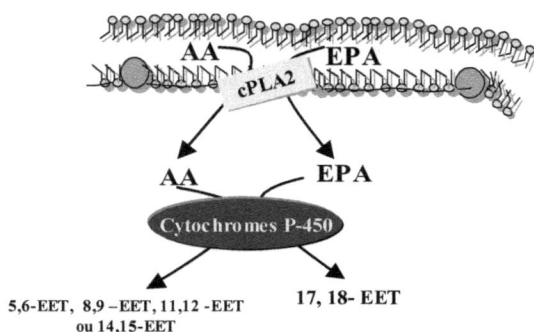

*Figure 14 : métabolisme de l'acide arachidonique (**AA**) et de l'acide*

eicosapentaénoïque (EPA)

(EET : époxyeicosatétraénoïque)

Eïcosanoïdes	Activité Biologique
PGI2	Vasodilatation, antiagrégant plaquettaire
PGE2	Agrégant plaquettaire
PGI3	Vasodilatation, antiagrégant plaquettaire
PGD2	Antiagrégant plaquettaire, constriction du muscle lisse, Régulation du cycle veille-sommeil
PGF2α	Dilatation du muscle lisse, Excrétion de Na+

TXA2	Vasoconstriction, bronchoconstriction
LTB4	Proinflammatoire
LTC4	Vasoconstriction, bronchoconstriction
LTD4	Vasoconstriction, bronchoconstriction
LTB5	Anti-inflammatoire
12-HPETE	Vasoconstriction, migration des cellules musculaires lisses
5,6-EET	Vasoconstriction

Tableau 4 : Médiateurs de l'inflammation: Principales activités biologiques des eïcosanoïdes. D'après Shimizu et Wolfe [244] et Béréziat [245].

- **L'acide arachidonique comme messager intracellulaire**

Le tableau des rôles de l'AA et de ses métabolites serait incomplet s'il n'était pas fait mention des effets biologiques qui sont attribués à l'AA lui-même. Cette perspective a pendant longtemps été ignorée par les équipes de recherche travaillant sur la mobilisation de l'AA. Les difficultés qui ont retardé les avancées dans ce domaine sont évoquées dans un article de 1995, paru dans Trends in Neurosciences, intitulé « Phospholipase A2 and G proteins », dont l'auteur est le Prix Nobel Julius Axelrod. Jusqu'à une dizaine d'années, les seules PLA2 connues étaient sécrétées, ce qui justifiait une attention accrue sur les actions extracellulaires de l'AA libéré directement dans le milieu. De plus, seule la voie PLC/diacylglycérol lipase était admise comme pouvant augmenter l'AA libre dans des cellules après stimulation par des récepteurs membranaires, particulièrement les récepteurs couplés aux protéines G. Dans un tel système, l'AA était davantage vu comme le substrat potentiel des COX, LOX et cytochromes

P-450, sa position dans la signalisation cellulaire ne semblant pas permettre de lui assigner un rôle essentiel de messager intracellulaire. Le chapitre précédent consacré aux PLA2 montre comment une partie de l'obstacle a été dépassée par la découverte des phospholipases A2 cytosoliques (ou cPLA2) dans les travaux d'Axelrod et de ses collaborateurs [246]. Aujourd'hui, même si cela est toujours controversé parce qu'il fait face à la concurrence d'autres lipides bioactifs comme l'acide lysophosphatidique [170, 247, 248], l'AA lui-même, en tant que messager intracellulaire a été impliqué dans de nombreuses voies de signalisation.

Ci-dessous, nous aborderons successivement trois phénomènes biologiques régulés directement par l'AA : les flux ioniques dans les cellules, la production de radicaux libres oxygénés par la NADPH oxydase et l'expression des gènes. Cela nous permettra de passer en revue quelques cibles moléculaires de l'activité intracellulaire de l'AA, certaines étant impliquées dans l'inflammation.

1. *L'AA et le flux ionique*

Les études de régulation des flux ioniques montrent que différents canaux situés dans les membranes des cellules ou des organites cellulaires (réticulum, mitochondrie, etc) sont contrôlés par l'AA. Les actions de ces acides gras sur les mouvements de calcium et de potassium sont à l'heure actuelle les mieux compris.

Les mécanismes d'action de l'AA sur l'augmentation des concentrations de calcium intracytosolique varient suivant les modèles cellulaires employés [249-252]. Ils impliquent la sortie du calcium des stocks intracellulaires et/ou l'entrée du calcium extracellulaire. Par exemple, l'AA est capable d'induire un influx de calcium dans les cellules musculaires lisses vasculaires de bovin [253]. L'AA peut activer une phospholipase C et

86

induire indirectement la mobilisation du calcium des stocks intracellulaires *via* la libération de l'inositol 1,4,5-triphosphate [254-256]. L'AA peut aussi stimuler l'activité des PKC qui régulent les flux calciques. Cette stimulation est mesurée en l'absence de calcium et de phospholipides, deux autres facteurs capables de stimuler l'activité PKC, ce qui confirme la spécificité de l'AA [257]. Enfin, il semble que l'AA puisse directement ouvrir, d'un côté, des canaux calciques contrôlant la sortie du calcium du réticulum endoplasmique ou sarcoplasmique et des mitochondries et, de l'autre, les entrées de calcium à travers la membrane cytoplasmique [251, 252, 258]. Ainsi, l'AA peut indifféremment activer des canaux voltage-dépendants ou indépendants [259, 260]. L'AA n'agit pas positivement uniquement sur la mobilisation du calcium. En effet, l'AA peut inhiber l'ouverture des canaux calciques du réticulum commandée par l'inositol(1,4,5)-triphosphate [261]. Cette fois, dans les muscles lisses de cochon d'Inde, l'AA réduit de manière dose-dépendante les influx calciques liés à des canaux voltage-dépendants [262].

Les canaux potassiques sont avec les canaux calciques, des cibles de l'activité intracellulaire de l'AA. Dans certains cas, l'AA ouvre directement les canaux potassiques sans aucun intermédiaire [263, 264]. Dans le cas des canaux potassiques calcium-dépendants, l'AA, en induisant une mobilisation de calcium, est à l'origine de leur ouverture ou de leur régulation positive [265]. Il arrive aussi que l'AA agisse de façon négative sur l'ouverture de canaux potassiques [266]. Dans les cellules myocytaires cardiaques, l'AA potentialise l'entrée de calcium induite par la stimulation des récepteurs purinergiques P_2y en inhibant des canaux potassiques par des PKC activées par l'AA [267]. En ajoutant à ce résultat la phosphorylation, dépendante de l'AA, de la troponine I et de la *myosine light chain 2*, phénomènes conduisant à la contraction des cellules myocytaires, l'AA devient un important régulateur cardiaque [268].

2. L'AA et les protéines G

Une étude récente indique que l'AA peut moduler l'échange guanosine diphosphate/guanosine triphosphate des protéines G [269]. L'activité de l'AA sur les protéines G a particulièrement été étudiée sur des modèles produisant des radicaux libres oxygénés. La NADPH oxydase, impliquée dans la production des radicaux libres oxygénés par les cellules inflammatoires, est constituée à l'état non actif de sous-unités membranaires et cytosoliques. Lors de son activation, les sous-unités cytosoliques doivent rejoindre les sous-unités membranaires pour former un complexe enzymatique assemblé en oligomère [270]. Or, dans un modèle acellulaire, Bromberg et Pick ont montré en 1985 que l'addition d'AA entraînait l'activation de la NADPH oxydase où se trouvent deux protéines G monomériques ou petites protéines G : Rap-1A qui est membranaire, et Rac qui est cytosolique [271]. En 1993, il fut montré que des lipides bioactifs, dont l'AA, permettaient de faire passer Rac du cytosol vers la membrane [272].

➡ *Le rôle régulateur joué par l'AA sur l'activité des protéines G monomériques ou trimériques peut être considéré comme un élément supplémentaire justifiant une régulation directe des PLA2 par des RCPG* [246]. En effet, il est séduisant de penser à une boucle où les protéines G régulent les PLA2 et la libération de l'AA ; et en retour, l'AA modulerait l'activation des protéines G.

La recherche des mécanismes intimes de cytoprotection du système cardiovasculaire, en particulier de l'arythmie, a conduit à des investigations sur divers facteurs reconnus de l'arythmie, parmi lesquels figurent le système des récepteurs adrénergiques. Il regroupe un ensemble de protéines membranaires chargées de transmettre au cœur le message neuro-humoral des catécholamines (adrénaline et dérivés) en termes de rythme et de force de contraction. On sait depuis de nombreuses années que la réponse cellulaire des récepteurs adrénergiques cardiaques dépend de la composition membranaire en AGPI. Il apparaît que la présence de DHA, contrairement à l'AA, est l'élément déterminant, entraînant une diminution de la production du médiateur intracellulaire (AMPc) [273]. L'ischémie s'accompagne d'une diminution de la réponse adrénergique de la cellule musculaire cardiaque, plus marquée lorsque la membrane est riche en DHA [274]. Cet effet du DHA lui confère une activité dont le principe rejoint celui des bêta-bloquants (antagonistes des récepteurs β-adrénergiques), médicaments essentiels en cardiologie, utilisés pour réduire l'effet cardiaque des catécholamines. **Cet effet sur la fonction adrénergique cardiaque peut contribuer à expliquer les effets anti-arythmiques et cytoprotecteurs des AGPI n-3.**

3. *L'AA et l'expression des gènes*

La localisation des principales enzymes du métabolisme de l'AA au niveau du noyau des cellules (cPLA2, 5-LO, COX-2) a amené à envisager une action des métabolites de l'AA sur l'expression des gènes. Ces acides gras ou leurs métabolites agiraient directement au niveau du noyau grâce, soit à des récepteurs nucléaires tel que PPAR, soit en modulant l'activité de certain facteurs de transcription. La mise en évidence d'une interaction d'abord de PPARα (Peroxisome Proliferator-Activated Receptor α) avec le LTB4 dans des neutrophiles, puis de PPARγ avec la PGJ$_2$ dans des macrophages a confirmé cette hypothèse [221, 275]. A ces travaux, il est possible d'en ajouter d'autres qui conduisent à faire de l'AA lui-même un régulateur de l'expression des gènes.

Des travaux sur le gène codant pour une protéine de transport du glucose GLUT4, dans des adipocytes 3T3-L1, ont abouti à la conclusion que le métabolisme de l'AA était responsable d'une régulation négative de son expression [276, 277]. Une des voies clairement définie conduisant à l'extinction du gène GLUT4, passe par l'activation du récepteur membranaire de la PGE2, qui induit une augmentation d'AMPc [276]. Mais, les auteurs ont constaté qu'un analogue non métabolisable de l'AA, l'eicosatetraenoic acid (ETYA), diminuait aussi le taux d'ARN messager de la protéine GLUT4. L'AA pourrait donc par lui-même agir sur les récepteurs nucléaires PPARγ qui contrôlent négativement l'expression des gènes GLUT4 dans les adipocytes 3T3-L1 [276].

Hormis son action sur les PPAR, l'AA pourrait réguler l'expression des facteurs de transcription comme le facteur nucléaire-KB (NF-KB) ou le facteur *activating protein* (AP1) [278, 279]. NF-KB est un facteur de transcription essentiel dans l'activation de gènes codant pour des médiateurs inflammatoires, au point d'être considéré comme une cible potentielle dans des thérapies futures contre l'asthme [280]. NF-KB est localisé dans le cytosol des cellules, sous forme complexée avec une protéine inhibitrice IKB-α. L'activation de l'expression de gènes par NF-KB nécessite la phosphorylation et la dégradation de IKB-α qui permet la translocation de NF-KB du cytosol vers le noyau. Dans un travail réalisé sur des cellules endothéliales, il a été démontré que l'AA inhibe l'expression de plusieurs gènes pro-inflammatoires induite par TNFα [281]. Cet effet est corrélé à une stabilisation du complexe NF-KB/IKB-α [278], l'AA diminuant la phosphorylation et la dégradation de IKB-α qui permet la translocation de NF-KB du cytosol vers le noyau.

Si nous revenons aux effets de l'AA sur la production des radicaux libres oxygénés, une autre voie de régulation des gènes liée aux métabolites actifs de l'oxygène terminera notre tour d'horizon des effets intracellulaires de l'AA. Dans ce dernier cas, l'AA entraînerait plutôt l'expression des gènes impliqués dans l'inflammation en conduisant à l'activation de NF-KB. En effet, les radicaux libres oxygénés possèdent la propriété d'activer la phosphorylation et surtout la dégradation d'IKB-α par des protéases [282]. D'autre part, les radicaux oxygénés activent les protéines JNK (*C-jun-terminal kinase*) qui appartiennent à la famille des MAPK, et qui sont à l'origine de la phosphorylation des facteurs de transcription *c-jun* [283]. Cette phosphorylation permet la formation du dimère actif *c-jun/c-fos* appelé AP-1 qui active l'expression de gènes impliqués dans l'inflammation tel que le TNFα [279].

Ainsi, on découvre que l'acide arachidonique peut avoir deux facettes selon le modèle cellulaire, activateur ou inhibiteur. On peut remarquer que ces résultats parfois contradictoires sont menés presque exclusivement *in vitro*.

D/ Lipides et athérosclérose

> « Quel que soit le père de la maladie, un mauvais régime en fut la mère. » [George Herbert] Ecrivain anglais

- **Implication des AGPI dans l'athérosclérose**

1. Etudes épidémiologiques.

Les bienfaits des huiles de poisson sont connus depuis des siècles. La première étude clinique sur l'huile de foie de morue a été faite par un médecin de Manchester au XVIII ème siècle : il avait constaté un effet remarquable de cette huile sur l'état général, les infections et les rhumatismes de l'adulte (et pas uniquement sur le rachitisme). A la découverte de la vitamine D, certains cliniciens, comme Mouriquand, se demandèrent si on pouvait attribuer tous les effets de l'huile de foie de morue à ce principe actif unique [284].

Plus récemment, on a découvert que les huiles de poisson avaient des propriétés de protection vis-à-vis de l'athérosclérose. L'effet protecteur lié à la consommation de poisson a d'abord été remarqué chez les Esquimaux et les Japonais. Ainsi, en 1971, Bang et Dyerberg [285], de l'Hôpital d'Alborg au Danemark, ont suggéré que la faible incidence des cardiopathies ischémiques chez les Esquimaux du Grœnland pouvait être due à leur alimentation particulière (une des plus riches en poisson), différente de celle des Danois et de celle des Esquimaux vivant au Danemark. En effet, les Esquimaux du Grœnland mangent beaucoup de graisses : les lipides constituent à peu près 60 % de leur ration énergétique, contre 40 % en France et dans d'autres pays occidentaux. Or, la morbidité des maladies coronariennes chez les Esquimaux est beaucoup plus basse que dans les pays occidentaux : elle est de l'ordre de grandeur de celle des pays sous-développés, où on mange à peine 10 % de la ration sous forme de graisses. Pourtant, il semblait bien depuis les travaux de Keys, à la fin des années 40, que le pourcentage de calories lipidiques était lié de façon positive au taux moyen de cholestérol plasmatique, et à la fréquence des maladies coronariennes [286].

Par ailleurs, en 1982, l'équipe japonaise de Kagawa [287] à Tokyo, montrait que la population de l'île d'Okinawa, avec une consommation de poisson deux fois supérieure à la moyenne japonaise, présentait le plus faible taux de cardiopathies ischémiques du Japon.

Cependant, ces corrélations positives ne permettaient pas de conclure directement à une relation de cause à effet entre la consommation de poisson et la faible incidence de l'athérosclérose. En effet, la faible fréquence de cette maladie dans ces populations pouvait être due à d'autres facteurs, par exemple génétiques (l'esquimau, endogame, a pour obligation de contracter mariage dans sa propre tribu), environnementaux (comme le climat, le mode d'activité), ou encore liée à d'autres habitudes nutritionnelles. De plus, l'importance des quantités de poissons ingérées quotidiennement (400 grammes pour les esquimaux et 200 grammes pour les Japonais de l'île d'Okinawa) rendait impossible l'extrapolation de ces observations à nos pays [288].

Une enquête néerlandandaise, réalisée de façon prospective sur une durée de vingt ans, de 1960 à 1980, a été publiée en 1985 : Kromhout et ses collaborateurs ont cherché à vérifier l'hypothèse d'un lien entre la mortalité coronarienne et la teneur de l'alimentation en poisson, parmi les habitants de la ville de Zutphen en Hollande [289]. Ils ont étudié une population mâle âgée de 40 à 59 ans, dont les personnes déjà atteintes d'une maladie coronarienne, étaient exclues. Les habitudes alimentaires de ces hommes furent analysées conjointement, parmi d'autres paramètres : 20 % des hommes ne consommaient pas du tout de poisson, les autres mangeaient de 20 à 300 grammes de poisson par jour. Après vingt ans de suivi, 78 individus étaient décédés de maladie coronarienne, sur une population totale étudiée de 852. **L'étude a montré une relation inverse, statistiquement significative, entre la consommation de poisson et la mortalité coronarienne, entre 1960 et 1980.**

Fait fondamental, aucune relation significative entre cette consommation de poisson et la présence d'autres facteurs de risque (âge, cholestérolémie, tension artérielle systolique, tabagisme) ou d'autres paramètres tels que l'activité physique, n'a pu être identifiée. Le risque de mortalité coronarienne, calculé après des ajustements tenant compte des autres facteurs de risque, est 2,5 fois moindre chez les hommes ayant une consommation de poisson supérieure à 30 grammes par jour, par rapport au reste de la population. **Ainsi, une consommation habituelle de poisson, même basse (30 grammes de poisson, en moyenne par jour, correspondent à un ou deux plats de poisson par semaine) diminuerait la mortalité par maladie coronarienne** [289].

Un exemple plus récent, en janvier 1998, publié dans le "Journal of the American Medical Association (JAMA)", traitait des résultats d'une étude menée dans le centre de cardiologie de Boston "Brigham and Women's Hospital", reconnu mondialement en matière de recherche cardio-vasculaire. Pendant 11 ans, on a observé les habitudes alimentaires de plus de 20 000 hommes médecins. Cette étude examinait le lien entre la consommation de poisson et le risque de mort cardiaque subite. Les résultats se sont avérés des plus intéressants. Les chercheurs démontrent que le fait de consommer du poisson comme le thon, le saumon, l'espadon ou les crustacés, au moins une fois par semaine, réduit de 52 % le risque de mort subite. Après avoir tenu compte d'une variété d'autres facteurs, l'étude a démontré que la consommation de poisson, à raison d'une fois par semaine, était liée à une réduction du risque de mort subite, avec un effet de seuil. La consommation d'AGPI n-3 provenant de fruits de mer est également associée à une réduction du risque de mort subite. [290]

Les résultats de ces études épidémiologiques conduisent à s'interroger sur les mécanismes qui sous-tendent l'effet protecteur de certains poissons sur les artères coronaires.

2. Les effets biologiques et les mécanismes d'action des AGPI

Les enquêtes épidémiologiques [291, 292] menées sur des Esquimaux du Groenland montrent qu'une teneur élevée en EPA et en DHA dans les lipides plasmatiques et plaquettaires associée à une teneur faible en AA semble corrélée à une faible incidence des pathologies coronariennes. Ainsi, dès 1978, Dyerberg suggérait que les effets antithrombotiques de l'EPA étaient dûs à son métabolisme en un eïcosanoïde inactif, TXA3 et en une prostaglandine anti-agrégante, la PGI3, respectivement dans les plaquettes et les parois vasculaires. Par la suite, de nombreuses études chez l'animal et chez l'homme ont confirmé le fait que les AGPI, particulièrement ceux de la famille n-3, limitaient le risque d'apparition des maladies cardio-vasculaires en ralentissant les processus d'athérogenèse et de thrombogenèse [293-297]. L'effet majeur des AGPI n-3 serait la synthèse des eïcosanoïdes différent de ceux synthétisés à partir de l'AGPI n-6, l'AA. En effet, une surproduction d'eïcosanoïdes dérivant de l'AA associée à une diminution du rapport PGI2/TXA2 sont souvent considérées comme les facteurs initiateurs ou les éléments déterminants du développement de l'athérosclérose [296]. Or les AGPI n-3, en s'incorporant préférentiellement dans les membranes aux dépens de l'AA et en inhibant l'activité et/ou la synthèse de la cyclooxygénase [298, 299], réduisent la production de leucotriènes [293] et entraînent une augmentation du rapport PGI2/TXA2 [300, 301].

Les propriétés des AGPI n-3 sont utilisées en thérapeutique puisque des capsules d'EPA et DHA ont reçu l'AMM (Autorisation de Mise sur le Marché) pour le traitement des hypertriglycéridémies.

i. *Effet sur les lipides sanguins*

Dans l'athérosclérose, on rencontre des taux élevés de cholestérol et de triglycérides (TG) circulants qui s'incorporent dans la plaque d'athérome et accroissent son développement [293, 302]. Lorsque des particules de lipoprotéines à faible densité et riches en cholestérol (*low density lipoprotein*, LDL) sont oxydées, elles activent les cellules de la plaque d'athérome et sont incorporées dans les macrophages pour former les cellules spumeuses [293]. **Les AGPI n-3 abaissent le taux des TG circulants** [303] alors que les AGPI n-6 ne possèdent pas cette propriété [304]. D'autre part, les esters de cholestérol contenant des AGPI sont plus mobiles que ceux contenant des acides gras saturés et ont donc moins tendance à se déposer de manière irréversible dans les tissus [304].

Ainsi, en 1971, Bang et Dyerberg [285] avaient déjà remarqué que les concentrations sanguines de cholestérol et de triglycérides des Esquimaux étaient bas. L'une des hypothèses expliquant le rôle protecteur de la consommation de poisson vis-à-vis des maladies cardiovasculaires a alors été soulevée : la présence d'EPA et de DHA dans l'alimentation pourrait diminuer la concentration des lipides dans le sang. Par la suite, Huang *et coll.*, [305] ont rapporté que les lipides sanguins diminuaient chez les rats nourris avec une huile de poisson, en comparaison de ceux nourris avec de l'huile de carthame riche en acide linoléique. Le singe rhésus est un des meilleurs modèles animaux pour étudier les effets des huiles de poisson sur les lipides sanguins et l'athérogénèse. Davis *et coll.*, [306] ont donc étudié l'effet d'un régime alimentaire enrichi en huile de hareng sur la progression de l'athérosclérose chez 24 singes rhésus adultes. Les singes étaient répartis en trois groupes, nourris pendant 12 mois d'une ration de base additionnée (a) de 2 % de cholestérol et de 25 % de graisses, sous forme d'huile de coprah (acide gras courts et saturés), (b) moitié huile de coprah, moitié huile de hareng, (c) un quart d'huile de coprah, trois quarts d'huile de poisson. Le régime à base d'huile de coprah et de cholestérol est le plus athérogène. Ajouter à ce régime de l'huile de hareng conduit à une baisse marquée de l'hypercholestérolémie, même si la consommation de cholestérol est alors augmentée, à cause de la teneur en cholestérol de l'huile de poisson (432 mg/dl).

De nombreuses études sur l'huile de poisson dans l'alimentation des hommes en bonne santé ont attribué cet effet hypocholestérolémiant à la réduction des taux de LDL et de VLDL [307-310].

En comparant des sujets sains et des sujets atteints d'hyperlipoprotéinémies, Zucker *et coll.*, [311] ont rapporté qu'un régime enrichi en EPA entraînait une légère inhibition des fonctions plaquettaires chez les deux types de sujets et une augmentation néfaste du LDL chez les patients atteints d'une hyperlipoprotéinémie de type IV. Le mécanisme vraisemblable de ce dernier phénomène peut être dû à une augmentation de la conversion de VLDL en LDL ou à une diminution de la dégradation des LDL par une baisse de l'activité des récepteurs au LDL [308].

Sur le plan métabolique, la diminution des concentrations sanguines des triglycérides est attribuée à l'inhibition des enzymes clés du métabolisme des lipides. Des travaux récents ont démontré que les AGPI n-3 interviennent sur le métabolisme lipidique en modifiant la quantité de protéines produites à partir des gènes correspondants [312]. Il a été décrit que les AGPI pouvaient agir par l'intermédiaire de récepteurs nucléaires. A l'heure actuelle, un type de facteur fixe les AGPI : les PPAR [297]. Par exemple, le PPARα régule l'oxydation des acides gras dans le foie, et de nombreux gènes impliqués dans les voies de la β et ω-oxydation possèdent un PPRE dans leur région promotrice. De cette façon, PPARα pourrait augmenter la dégradation des médiateurs de l'inflammation dérivés des lipides [314]. En effet, l'inflammation provoquée par l'acide arachidonique ou son dérivé LTB4 est prolongée chez la souris déficiente en PPARα. La fixation du LTB4 au PPARα entraîne l'activation de la transcription d'enzymes impliquées dans les β et ω-oxydations hépatiques. Par un tel mécanisme de rétrocontrôle, le LTB4 ou d'autres dérivés d'acides gras peuvent induire leur propre catabolisme par activation de PPARα, limitant ainsi leur action inflammatoire [221].

Les AGPI sont, d'autre part, capables de réguler l'expression du facteur de transcription SREBP (*Sterol Regulatory Binding Protein*) [302]. Le facteur SREBP participe dans la régulation du taux de cholestérol dans la cellule.

La majeure partie du cholestérol est importée à partir de complexes lipoprotéiques de faible densité, appelés LDL, qui circulent dans le sang. Ces complexes lipoprotéiques sont internalisés après fixation à un récepteur spécifique, appelé récepteur au LDL. La seconde source de cholestérol provient du métabolisme cellulaire. Le cholestérol est synthétisé à partir d'un précurseur, le mévalonate. La synthèse du mévalonate à partir d'acétyl CoA est catalysée par deux enzymes, la HMG-CoA synthase et la HMG-CoA réductase. Les précurseurs métaboliques du mévalonate sont présents en grande quantité dans la cellule. D'ailleurs, la synthèse du mévalonate constitue l'étape limitante pour la biosynthèse du cholestérol. La lipogénèse hépatique est régulée par le facteur SREBP-1 [315]. Le promoteur de l'HMG-CoA réductase et de l'HMG-CoA synthase, ainsi que dans celui du récepteur des lipoprotéines de basse densité qui permet la captation du cholestérol extracellulaire possèdent des éléments de régulation fixant SREBP.

Les AGPI stimulent la transcription d'enzymes de la β-oxydation mitochondriales et peroxysomales, et répriment la transcription d'enzymes lipogéniques [316]. Il a justement été décrit que l'EPA inhibait la sécrétion du récepteur au LDL apoprotein B (ApoB) ainsi que la liaison du LDL à son récepteur dans les cellules hépatique (HepG2) [317]. EPA réduit l'expression des enzymes lipogénique tel que l'acétyl CoA carboxylase dans le foie de rat [317]. Plus récemment, il a été décrit par l'équipe d'Esaki que la réduction de l'expression des enzymes lipogéniques dans le foie est dûe à une inhibition de l'expression de SREBP-1 *via* une inhibition de la cascade protéolytique conduisant à son activation [318]. D'autre part, les AGPI n-3 augmentent l'expression de PPARα dans le foie, le rein et le cœur [319] coïncidant avec une augmentation du nombre d'enzymes peroxisomales. De plus, un certain nombre de ces enzymes sont régulées par les PPARα [320, 321].

ii. *Effets sur les membranes*

Conroy et ses collaborateurs ont rapporté que, chez les rats, une alimentation enrichie en huile de poisson entraîne des taux élevés d'EPA et de DHA au niveau de la rate et du foie [322]. ***Ils ont mis en évidence un léger désordre dans l'agencement de la membrane plasmique, qui augmente la fluidité de la bicouche et modifie l'organisation de la membrane et/ou la composition des phospholipides.*** Une étude épidémiologique a d'autre part, révélé que, chez les individus morts de cause cardiaque subite, le rapport AA/DHA dans les membranes cardiaques est systématiquement plus élevé que la moyenne, dans la tranche d'âge considérée [323]. L'étude menée par Siscovick *et coll.* [324] a par ailleurs montré que l'incidence de l'arrêt cardiaque était plus faible chez les consommateurs de poisson dont les membranes cellulaires étaient riches en AGPI n-3.

iii. Effets sur les médiateurs cellulaires

L'augmentation de la teneur en AGPI n-3 dans les membranes du système vasculaire (en particulier de l'endothélium car peu d'études ont été faites dans les CML), des cellules circulantes et/ou inflammatoires (plaquettes, leucocytes, macrophages) altèrent la synthèse de médiateurs cellulaires tels que le PAF, l'IL1 et le TNF et diminuent la production de radicaux libres de l'oxygène [325]. Incorporés dans les vaisseaux sanguins, les AGPI n-3 agissent également sur les récepteurs des substances vasoactives **en diminuant la réponse aux vasoconstricteurs** (angiotensine II, noradrénaline) et en augmentant celle aux vasodilatateurs (ADP, acétylcholine)[325].

iv. Effets sur les hématies

L'ingestion de poisson peut agir sur la fluidité des membranes des globules rouges, toujours par l'intermédiaire de l'EPA. Celui-ci est plus abondant dans les membranes des globules rouges des individus dont l'alimentation est riche en graisses de poisson, ce qui rend les hématies plus déformables et **diminue la viscosité sanguine** [326].

v. Effets sur les monocytes

L'huile de poisson semble aussi agir sur les propriétés d'adhérence des monocytes aux parois vasculaires lésées. En 1985, l'équipe de Lee [327] a décelé une baisse des propriétés d'adhérence des monocytes aux cellules bovines de la paroi vasculaire cultivées *in vivo* et enrichies en EPA. Or l'adhésion des monocytes joue un rôle dans le processus précoce de formation de l'athérome. A l'occasion d'un traumatisme de la paroi interne d'un vaisseau, lié à un taux élevé de cholestérol, au diabète, ou à l'hypertension artérielle, ces monocytes viennent se fixer sur la lésion formée, s'insèrent entre les cellules de la paroi, se différencient en macrophages qui se chargent en lipides et deviennent des cellules spumeuses. Cette série d'évènements a été identifiée par Faggiotto et Ross [328, 329], en 1983.

Les monocytes, par ailleurs, sécrètent certains facteurs qui contribuent au développement de l'athérome, en attirant sur le lieu de la lésion des plaquettes et des cellules de la paroi vasculaire, et en stimulant leur multiplication. Or, d'après Lee [327], *l'ingestion d'huile de poisson diminue le nombre de monocytes attirés par une réaction inflammatoire et la quantité de facteurs chimiques qu'ils synthétisent : elle pourrait ainsi freiner la cascade des évènements qui conduisent à la formation d'une plaque d'athérome.*

Il apparaît que la régulation de certains gènes des macrophages par les acides gras est relayée par l'action des récepteurs nucléaires. En effet, les PPAR régulent la physiologie des monocytes/macrophages ainsi que leur réponse aux stimuli inflammatoires au sein de la paroi artérielle. D'après Ricote et coll. [275], l'expression de PPARγ est notablement augmentée dans les macrophages activés de souris et les ligands naturels et synthétiques de PPARγ inhibent l'induction de la transcription des gènes de la nitric oxyde synthase inductible (iNOS), de la gélatinase B (MMP-9) et du scavenger recepteur A en interférant avec les facteurs de transcription AP-1, NF-KB et STAT1 [275]. De plus, il a été décrit que les PPARγ diminuent l'expression des VCAM-1 dans les cellules endothéliales [330]. Enfin, Thieringer et coll. [331] ont montré plus récemment que les ligands synthétiques de PPARγ n'ont pas d'influence sur la production de cytokines. D'après Rossi *et coll.* [332], l'effet inhibiteur de la PGJ2 s'exerce probablement par une inhibition de l'IKB kinase β et non par PPARγ.

Il a été décrit que les AGPI n-3 lient les 3 isoformes de PPAR [333, 334] et que le DHA inhibait l'expression de VCAM-1 induit par le TNF-α dans les cellules endothéliales [335, 336]. Les AGPI pourraient inhiber la production de molécules d'adhésion *via* leur liaison avec les PPAR ou en inhibant les autres facteurs de transcription tels que NF-KB [337].

Plus récemment, il a été décrit que les ***AGPI n-3 oxydés*** inhibaient de façon significative l'adhésion des monocytes et neutrophiles aux cellules endothéliales *in vitro* et *in vivo*. L'équipe de Mayadas explique cet effet bénéfique des AGPI n-3 par une activation de PPARα [338].

vi. *Effets sur les cellules musculaires lisses*

Les AGPI n-3 sont capables d'inhiber la prolifération des cellules musculaires lisses [339, 340]. Néanmoins, le mode d'action reste inconnu. Les études qui ont été faites et qui sont les plus avancées, dans le cadre des relations entre AGPI n-3 et prolifération cellulaire, concernent les études comparatives entre AGPI n-6/n-3 dans la pathologie du cancer.

Ainsi, les études épidemiologiques ont démontré que les femmes occidentales (Amérique du Nord, Europe) ont un risque environ 5 fois plus élevé que les femmes japonaises ou esquimaudes de mourir d'un cancer du sein.

Ces observations ont par ailleurs indiqué que les AGPI exercent des effets différentiels sur l'incidence du cancer. Ces effets dépendent non seulement de la quantité mais aussi de la qualité des lipides consommés [341]. En fait, il semblerait que les AGPI n-6 soient associés à un risque accru de cancérogenèse mammaire tandis que les AGPI n-3 exerceraient, à l'inverse, un effet protecteur contre la maladie [342]. Ainsi, l'augmentation de la proportion relative en AGPI n-6/AGPI n-3 augmenterait le risque de cancer du sein [343]. Récemment, une méta-analyse concernant les données de quatre-vingt-dix sept publications étudiant les effets de différents types de graisses sur la tumorigenèse mammaire a montré que les AGPI de la famille n-6 stimulent de manière significative le développement des tumeurs [344]. Au contraire, les AGPI n-3 exercent un effet inhibiteur en réduisant ou retardant le développement de la tumeur [345]. Il a été démontré qu'un régime riche en graisse de poisson, en particulier en EPA et DHA, supprime la croissance tumorale et inhibe la formation des métastases à partir de cellules tumorales mammaires humaines injectées dans une souris immunodéficiente [346]. Selon Karmali *et coll.*, ces effets pourraient s'expliquer par le fait que l'EPA est un inhibiteur compétitif des voies de synthèse des eicosanoïdes issus de l'AA [347]. En empêchant la synthèse de ces eicosanoïdes, l'EPA jouerait un rôle inhibiteur dans le développement tumoral mammaire. De même, des effets distincts des AGPI n-6 et n-3 ont été observés sur la prolifération des cellules humaines d'adénocarcinome du colon en culture évaluée par la méthode d'incorporation de la thymidine tritiée. Ainsi, il a été démontré que seuls les AGPI n-3 inhibaient de façon significative la prolifération cellulaire. Ces événements ont été associés à une diminution du taux d'ARN messager de la cycline D1 [348].

- **Les acides gras peuvent exercer leurs effets sur la prolifération cellulaire *via* leur incorporation au niveau des phospholipides membranaires, et modifier ainsi la transduction d'un signal prolifératif.** En effet, l'incorporation et donc l'enrichissement en certains types d'acides gras modifient la composition des phospholipides et donc les propriétés de la membrane, ce qui affecte par exemple sa fluidité comme cela a été décrit pour le DHA dans des cellules rétinoblastiques [349]. Ces changements des propriétés membranaire peuvent également altérer les interactions récepteurs/ligands, ainsi que les propriétés cinétiques des

103

enzymes couplées à ces récepteurs [350, 351]. Ainsi, une augmentation de l'incorporation de l'EPA ou du DHA dans les PL membranaires des cellules tumorales ou normales pourrait moduler négativement les effets de facteurs de croissance ou de diverses hormones. Récemment, il a ainsi été décrit que l'EPA et le DHA inhibent la prolifération de VSMC induite par le PDGF. Terano suggère que les AGPI n-3 inhibent en fait la liaison du PDGF à son récepteur [340], mais cela reste hypothétique.

- Les acides gras peuvent également agir *via* des métabolites actifs comme les eicosanoïdes. De nombreuses études montrent l'implication des eicosanoïdes dans la régulation de la prolifération cellulaire. Ainsi, le taux d'eicosanoïdes est en général plus élevé dans les cellules cancéreuses que dans les cellules normales [345]. Les effets de divers types d'eicosanoïdes sur la prolifération apparaissent là encore très variables et parfois même contradictoires. Par exemple, la prostacycline (PGI2), le PGE2 et le PGD2 inhibent de manière dose-dépendante la prolifération de VSMC de rats [352] alors que le thromboxane A2 (TXA2) augmente l'incorporation de thymidine tritiée dans ces mêmes cellules. Les PGF2α stimulent la croissance de cellules endométriales de lapin en culture primaire alors que PGE1 et PGE2 antagonisent et bloquent complètement les effets de PGF2α [353]. Inversement, dans des CML pulmonaires, PGE1 et PGE2 augmentent l'incorporation de thymidine tritiée [354]. Les mêmes résultats ont été obtenus avec les produits issus du métabolisme des lipoxygénases [355]. Il a été démontré récemment que l'AA stimule la croissance de fibroblastes 3T3 en augmentant l'expression de gènes tels que c-fos, après conversion en PGE2, alors que les AGPI de la série n-3 n'activent pas cette cascade [356]. Inversement, d'autres travaux ont montré que les effets inhibiteurs de certains AGPI étaient dûs à une inhibition de la synthèse d'eicosanoïdes. Ainsi, l'effet inhibiteur de l'EPA et du DHA sur la prolifération de la lignée MDA-MB-231 est relayée *via* une inhibition de la voie des cyclooxygénases plutôt que par celle des lipoxygénases [357].

- D'autres auteurs ont suggéré que le mécanisme par lequel les AG exercent leur effet inhibiteur ou activateur sur la prolifération cellulaire serait relayée par une modification de la peroxydation lipidique [358]. Ainsi, l'effet inhibiteur de l'acide α-linolénique sur la prolifération de lymphocytes T humains serait partiellement dû à une production accrue de radicaux libres (comme le radical superoxide SO_2^-) et de produits de peroxydation, estimés par la mesure du dialdéhyde malonique (MDA) [359].

Les acides gras peuvent également interagir directement sur les voies de transduction qui conduisent à la division cellulaire, comme nous l'avions vu précédemment. Il est maintenant clairement établi que les acides gras, en particulier les AGPI, peuvent agir comme des seconds messagers au même titre que l'IP3, le DAG et l'AMPc (Pour revues [360, 361]). En effet, ils peuvent moduler l'activité de diverses phospholipases (PLC, PLD, PLA2), de protéines kinases, de protéines G et de canaux ioniques. Ainsi, l'effet stimulateur de l'AA sur la migration des CML serait medié *via* une augmentation de l'influx du calcium extracellulaire [253]. Il semble que se soit l'acide arachidonique lui-même qui régule la migration des CML et non ses métabolites. En effet, l'équipe de Nakao *et coll*, a démontré qu'un inhibiteur des cyclooxygénases n'affecte pas la migration des CML [362] et qu'un inhibiteur de la lipoxygénase ne la bloque pas complètement [362].

Enfin, les AGPI pourraient agir également directement en contrôlant les gènes impliqués dans la division cellulaire. Il est connu, depuis peu, que les AGPI de la série n-3 et n-6 inhibent la transcription d'un certain nombre de gènes hépatiques impliqués dans la lipogénèse et la glycogénèse ([363] pour revue). Récemment, il a été montré que l'acide linoléique qui stimule la prolifération de cellules musculaires vasculaires, active l'expression des proto-oncogènes fos, jun et myc [364].

Toutes ces études suggèrent que les mécanismes biochimiques par lesquels les acides gras modulent la prolifération cellulaire sont nombreux et différents selon les types cellulaires étudiés.

vii. *Conclusion*

Ainsi, de nombreuses études ont montré que la consommation de poisson ou d'huile de poisson, riches en AGPI n-3 (EPA et DHA) protègerait de l'athérosclérose.

Cette diminution du risque cardiovasculaire semble liée à la modification de différents facteurs qui jouent un rôle dans le processus de formation d'une lésion d'athérome :

➢ diminution de la viscosité sanguine

➢ baisse des propriétés d'adhésion des monocytes

➢ inhibition de la prolifération cellulaire

➢ diminution de l'agrégation plaquettaire

➢ baisse du taux plasmatique des triglycérides chez les sujets normaux et chez les patients atteints d'hyperlipoproteinémie

➢ diminution du taux de cholestérol plasmatique, en particulier des LDL.

Cependant, comme nous l'avons vu, l'intérêt d'une modification du régime alimentaire dans une population à haut risque cardiovasculaire est essentiellement préventif, et les personnes à qui l'on va proposer un régime vont être amenées à le suivre pendant longtemps, ce qui explique la naissance d'une inquiétude légitime concernant les effets à long terme des régimes riches en acides gras polyinsaturés.

Rappelons que les chercheurs ont parfois noté les inconvénients suivants :

➢ problème organoleptique

> diminution du taux sanguin des HDL :

Nestel [365] a néanmoins judicieusement remarqué qu'il n'y avait pas de preuve que cette baisse soit dangereuse, lorsqu'elle est associée à celle du LDL. Et les résultats de Davis *et coll.*, [306] indiquent que, chez les singes rhésus, malgré la diminution des HDL, l'huile de poisson, comparée à l'huile de coprah, ralentissait l'évolution des lésions d'athérosclérose induites par le cholestérol.

> modification de la composition des membranes cellulaires et de leurs fonctions
> augmentation de la production de radicaux libres
> modification des lipides du cerveau

Le problème de la quantité nécessaire et suffisante d'AGPI n-3 à conseiller pour obtenir un résultat satisfaisant, sans faire courir de risque inutile au patient, n'est pas encore définitivement résolu [366].

II- Le cholestérol et les oxydes de cholestérol

Ce qui est grave, c'est quand votre femme vous dit : "rentre ton ventre" et que c'est déjà fait. [Gayelord Hauser]

1- Le cholestérol

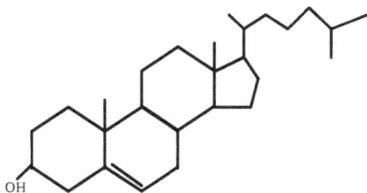

Le cholestérol entre dans la structure, et donc la fonction, de presque toutes les membranes biologiques cellulaires et subcellulaires. Il représente 10 % du poids sec du cerveau humain et il participe, notamment, à la structure de la myéline. De multiples hormones indispensables à la vie, telles que les

107

hormones stéroïdes, sont fabriquées par le corps humain à partir du cholestérol. Enfin, les 4/5 du cholestérol présent dans l'organisme humain est fabriqué par lui-même.

Le cholestérol est, pour l'essentiel, *produit par le foie à raison de 70% ; les 30 % restants proviennent de l'alimentation.*

De nombreux aliments contiennent du cholestérol alimentaire tel que les oeufs, les produits laitiers, la viande et la volaille. Le cholestérol est retrouvé UNIQUEMENT dans les produits d'origine animale.

Le cholestérol alimentaire peut accroître le taux de cholestérol sanguin, mais de façon beaucoup moins importante que les aliments riches en acides gras saturés. Les matières grasses, notamment les acides gras saturés, participent à l'augmentation du cholestérol sanguin.

i. Fonction du cholestérol

Le cholestérol est un constituant essentiel des membranes plasmiques animales. Il influence la fluidité des membranes, la perméabilité, les activités enzymatiques et le transport de certaines substances. Les lipoprotéines LDL constituent chez l'homme le transporteur majoritaire de ce cholésterol. Outre son rôle structural, le cholestérol est le précurseur des hormones stéroïdiennes, de la vitamine D et des acides biliaires. Le cholestérol cellulaire réside principalement dans les membranes plasmiques (85%) sous forme libre [367]. Seulement, une petite partie (3-5%) du cholestérol de la membrane plasmique se situe dans le feuillet externe de la bicouche, le reste se trouvant dans le feuillet interne.

Le cholestérol n'est pas uniformément distribué dans la membrane cellulaire mais est organisé en domaines structuraux pauvres ou riches en cholestérol comme les cavéoles (invaginations de la membrane plasmatique) ou les rafts, microdomaines de la membrane plasmique, qui semblent jouer un rôle important dans la transduction du signal [368]. L'importance physiologique de ces domaines est peu connue. Nous approfondirons ce point dans le chapitre III.

ii. Les hypercholestérolémies

Les grandes études épidémiologiques ont permis de proposer des valeurs de références pour le cholestérol total et les LDL chez l'homme :

	Normal	Limite	Elevé
Cholestérol total	≤ 2 g/l	2 – 2.39 g/l	> 2.4 g/l
LDL	< 1.3 g/l	1.3 – 1.59 g/l	> 1.6 g/l

Tableau 5 : Valeurs de référence pour le cholestérol plasmatique chez l'homme

Le maintien de la cholesterolémie à des taux proches de la normale est essentiel. Une valeur trop élevée de cholestérol plasmatique prédispose à l'athérosclérose.

L'élévation du cholestérol plasmatique peut être due à une alimentation très riche en cholestérol, une mutation de l'apolipoprotéine B100 ou à une déficience génétique des LDL-récepteurs. La déficience au niveau du LDL-récepteur est la caractéristique de l'hypercholestérolémie familiale dite hypercholestérolémie pure ou de type IIa. La prévalence de cette maladie se situe entre 0,5 et 1% de la population générale. Les homozygotes porteurs de cette anomalie génétique ne possèdent pas de LDL-récepteurs fonctionnels ce qui rend les cellules incapables de capturer les LDL par endocytose. Le taux de LDL augmente donc dans le sang et peut atteindre des valeurs 3 à 5 fois supérieures à la normale : dès la naissance, les taux de cholestérol sanguins dépassent 6 g/l. Les sujets atteints par cette maladie ont des plaques d'athérosclérose dès la prime enfance, développent des maladies ischémiques (angine de poitrine, infarctus du myocarde) à partir de l'âge de 8 à 10 ans et présentent des dépôts extravasculaires de cholestérol au niveau de la paupière, l'arc cornéen, des tendons d'Achille et des doigts de la main. Les individus hétérozygotes, moins nombreux que les homozygotes, expriment environ la moitié du nombre normal de LDL-récepteurs fonctionnels et voient leur taux de cholestérol doubler par rapport à la normale.

Une nourriture riche en cholestérol produit des effets analogues, quoique moins graves, que l'hypercholestérolémie familiale. En effet, le cholestérol en excès réprime la biosynthèse des LDL-récepteurs.

2- Les oxydes de cholestérol

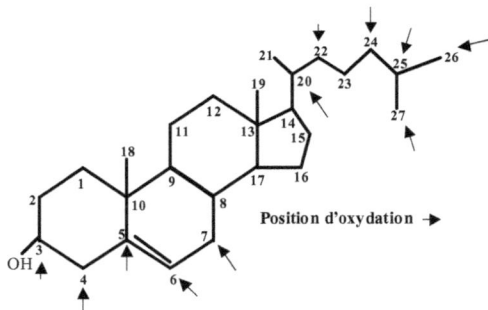

Position d'oxydation →

Les oxystérols, ou oxydes de cholestérol, sont des dérivés du cholestérol qui possèdent diverses activités biologiques [369] les impliquant notamment dans l'initiation et/ou le développement de l'athérosclérose. Ils sont transportés dans l'organisme principalement par les lipoprotéines. Comme le cholestérol, les oxydes de cholestérol incorporés par les cellules sont principalement localisés dans les membranes [370].

110

De nombreux oxystérols ont été détectés dans les tissus et les fluides humains. Ils peuvent résulter de l'auto-oxydation *in vivo* du cholestérol [371] ou provenir de l'alimentation [369, 372]. En effet, environ 1 % du cholestérol consommé dans une alimentation occidentale est oxydé [373]. La génération des oxystérols dans les aliments est influencée par le mode de traitement (chauffage, irradiation) et la durée de conservation. De nombreux auteurs se sont intéressés à l'analyse des oxystérols dans des aliments d'importance particulière comme les œufs déshydratés [373] et le lait en poudre [374]. En effet, ces produits sont utilisés dans de nombreuses préparations commerciales. Les oxystérols sont également présents dans les préparations à base de viande [375].

Dans la plupart des produits alimentaires, les oxystérols majeurs sont les produits oxydés en position 7 (7-cétocholestérol, 7α-hydroxycholestérol et 7β-hydroxycholestérol) et ceux oxydés en positions 5 et 6 (5α,6α-époxycholestérol, 5β,6β-hydroxycholestérol). On trouve également, en petite quantité, des oxystérols oxydés sur la chaîne latérale (25-hydroxycholestérol) [372].

i. Effets biologiques des oxydes de cholestérols

Les oxystérols possèdent de nombreuses activités biologiques dont les principales sont

- cytotoxicité [376, 377]
- altération du tonus vasomoteur [378, 379].
- inhibition de l'HMG-coA réductase [380]
- inhibition de l'expression du LDL-récepteur [381]
- inhibition de l'efflux de cholestérol [370, 382]

Les oxystérols (notamment 25-hydroxycholestérol et le 27-hydroxycholestérol) sont des ligands du récepteur nucléaire LXR (liver X receptor). LXR forme un hétérodimère avec le récepteur à l'acide rétinoïque (RXR). Cet hétérodimère se fixe sur des séquences spécifiques appelées LXRE, hexanucléotides répétés (AGGTCA) séparés par 4 bases (DR4) localisées dans la région promotrice des gènes cibles, et régule ainsi leur transcription. Cet hétérodimère est activé aussi bien par les agonistes de LXR que ceux de RXR. Deux formes de LXR ont été décrites, LXRα et LXRβ. Contrairement au LXRβ, LXRα est exprimé principalement dans les tissus jouant un rôle important dans le métabolisme du cholestérol [383]. LXRα régule un grand nombre de gènes impliqués dans le transport inverse du cholestérol, comme les gènes codant pour les protéines ABC (ATP-binding cassette), la CETP (cholesterol ester transfer protein) et la CYP7A (cholestérol 7α-hydroxylase) [384]. Il active également le promoteur de SREBP-1c et la lipoprotéine lipase, indiquant également qu'il joue un rôle dans l'homéostasie des acides gras [385 , 386].

De nombreuses études ont porté sur la cytotoxicité de plusieurs oxystérols. Ainsi, le 25-hydroxycholestérol conduit à la mort des cellules musculaires lisses d'aorte humaine [387]. Cette cytotoxicité se manifeste par deux voies puisque les oxystérols peuvent induire soit l'apoptose, une mort cellulaire programmée, soit la nécrose. Les différents oxystérols vont donc conduire à l'un ou l'autre de ces types de mort cellulaire. Lizard *et coll*, [376] ont montré que le 7β-hydroxycholestérol induisait l'apoptose des cellules endothéliales de cordon ombilical humains et des cellules musculaires d'artère humaine alors qu'ils provoquent la nécrose des fibroblastes. Le même laboratoire a montré en 1997 [388] que le 7-cétocholestérol induit l'apoptose des cellules endothéliales d'aortes bovine et humaine. **Cette toxicité sur les cellules de la paroi vasculaire suggère que les oxystérols interviennent dans le processus de l'athérosclérose.**

L'accumulation des lipides, notamment des stérols, par exemple dans les macrophages est due à plusieurs phénomènes. Tout d'abord, à une *inhibition de l'efflux de cholestérol hors des cellules par les oxystérols*. L'incubation de différents types cellulaires, notamment de macrophages J774, avec du 25-hydroxycholestérol réduit significativement l'efflux de cholestérol présent dans les cellules spumeuses altérant donc le transport réverse du cholestérol. De même, les oxystérols contenus dans les HDL diminuent l'élimination du cholestérol. D'autre part, l'esterification des stérols est stimulée par la présence d'oxystérols. L'incubation de cellules musculaires lisses de lapin avec du 25-hydroxycholestérol augmente l'activité de l'acyl-coA cholestérol acyltransférase (ACAT) et, par conséquent, l'estérification du cholestérol [389].

Effet sur la membrane cellulaire

Comme le cholestérol, les oxystérols s'insèrent dans les membranes en modulant leurs propriétés physiques [390]. Ils peuvent ainsi modifier la structure et la fonction des protéines membranaires comme la Na^+K^+-ATPase dans les cellules musculaires lisses [391] ou la Ca^{2+}-ATPase [392].

ii. Oxystérols et athérosclérose

Plusieurs études se sont attachées à mettre en évidence un lien entre le taux d'oxydes de cholestérol plasmatique et le risque cardiovasculaire (pour revue : [369]). Même si le lien entre les deux n'est pas toujours très clair, deux récentes études ont montré que le taux de 7β-hydroxycholestérol pourrait être lié au risque d'athérosclérose [393, 394]. L'effet pro-athérogène des dérivés oxydés du cholestérol sur des modèles animaux a été largement documenté [395-398]. *Certaines études suggèrent que l'effet athérogénique du cholestérol serait dû aux oxystérols contaminant la nourriture plutôt qu'au cholestérol lui-même.*

Les dérivés oxydés du cholestérol ont été détectés, principalement sous forme d'esters, dans les plaques athéroscléreuses. Le 27-hydroxycholestérol semble être le principal oxyde présent dans les plaques [399-401], et ses taux semblent augmenter avec la sévérité de l'athérosclérose. Les oxystérols semblent être concentrés dans les cellules spumeuses isolées de plaques athérosclérotiques humaines [402].

Chapitre III : Les cavéoles

« **Que tenter contre la coquetterie des idées qui se rafraîchissent renaisses plus belles dans les difficultés, et entraînent un homme si loin du monde qu'il oublie jusqu'ici ses plus chères affections ?** » Honoré de Balzac, [la recherche de l'absolu]

Depuis quelques années une attention toute particulière s'est portée sur ces petites vésicules non recouvertes de clathrine appelées cavéoles. Bien que leur définition ne soit que morphologique, les cavéoles sont aujourd'hui définies comme des invaginations de la membrane plasmique caractérisées par la présence d'un marqueur protéique spécifique : la cavéoline (ou VIP21) [403, 404]. Les cavéoles sont particulièrement abondantes dans les CML, les cellules endothéliales, les adipocytes, les fibroblastes et les cellules epithéliales [405].

A/ Structure des cavéoles

Le rôle de la cavéoline-1

La cavéoline (ou VIP21), phosphoprotéine membranaire de 22kD, a été mise en évidence par Rothberg et *coll.*, en 1992 [406]. Puis, deux autres cavéolines ont été isolées : la cavéoline-2 [407] et la cavéoline-3 [408]. La cavéoline a donc été renommée : Cavéoline-1 [407, 409]. La cavéoline-1 (cav-1) a une expression ubiquitaire et est généralement co-exprimée avec la cavéoline-2 (cav-2). Elles sont exprimées à la fois au niveau des cellules épithéliales et endothéliales, des CML, des adipocytes et des fibroblastes alors que la cavéoline-3 serait présente uniquement dans les cellules musculaires [410, 411].

Les cavéolines forment une famille de protéines intégrales présentant une structure inhabituelle, en épingle à cheveu, au sein de la membrane; les extrémités N et C terminales étant toutes deux cytoplasmiques (figure 16).

Bien que toutes soient impliquées dans la formation des cavéoles, la cavéoline-1 semble en être un composant essentiel. En effet, l'expression de la cavéoline-1 dans des adipocytes entraîne l'apparition de cavéoles invaginées [412, 413]. De plus, des travaux récents confirment ces résultats et montrent qu'exprimée dans les cellules épithéliales intestinales, la cavéoline-1 induit non seulement l'apparition de cavéoles invaginées mais que leur localisation est polarisée [414]. Le rôle précis de la cavéoline-1 dans ce processus reste encore à définir.

Toutefois, certains auteurs montrent que la cavéoline-1 ne serait pas à elle seule responsable de la formation des cavéoles. En effet, la fixation du cholestérol membranaire grâce à des molécules comme la filipine [406] ou la réduction du taux de cholestérol intracellulaire [415] provoquent à la fois la dissociation du manteau et la disparition des cavéoles invaginées. Comme la cavéoline-1 apparaît être une protéine fixant le cholestérol [416, 417] et que le cholestérol stabilise les oligomères de cavéoline-1, stérols et cavéoline-1 doivent agir ensemble pour former le manteau.

Ainsi, la cavéoline-1 joue un rôle essentiel dans la formation des cavéoles et est de ce fait un marqueur protéique de référence. A ce titre, elle a permis d'isoler les cavéoles par des techniques de fractionnement cellulaire et d'en définir ainsi la structure moléculaire. (Figure 15)

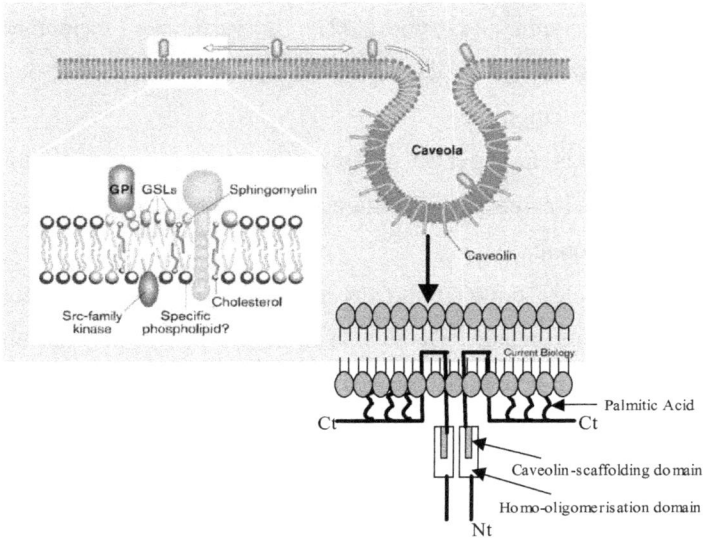

Figure 15 : structure des cavéoles et de la cavéoline (schéma modifié de Nigel M.Hooper, 1998)[418]

B/ Les techniques d'isolement des cavéoles

A ce jour, six méthodes ont été décrites pour purifier les cavéoles à partir de différents tissus [415, 419-422] ou de cellules en culture [408, 423, 424]. Ces méthodes peuvent se répartir en quatre catégories. La purification de fractions enrichies en cavéoles peut s'effectuer par :

- flottaison de membranes insolubles dans les détergents sur des gradients de saccharose [424]
- flottaison de membranes rompues grâce à des ultrasons sur des gradients d'Optiprep. Cette méthode évite l'utilisation de détergents [423].
- centrifugation différentielle d'homogénats de tissus [425].

- récupération des cavéoles soit par centrifugation [421] soit par immu-adsorption [422] à partir de membranes plasmiques de cellules endothéliales purifiées grâce à de la silice cationisée.

Les cavéoles obtenues par ces différentes techniques ne sont pas tout à fait identiques, ceci parce qu'il n'existe aucune référence morphologique pour juger de leur pureté.

En effet, si les cavéoles sont visibles dans certaines préparations, elles sont souvent difficiles à reconnaître. De plus, la cavéoline-1 ne semble pas être le témoin idéal de la pureté de la fraction car sa concentration au sein des cavéoles est variable. Enfin, l'utilisation de processus chimiques ou physiques lors de la purification (silice cationisée, Triton X-100, sonication, immunoadsorption) peut altérer la composition moléculaire des cavéoles, rendant difficile la comparaison des résultats entre les différents laboratoires. La localisation des protéines ancrées par GPI (glycosylphosphatidylinositol), toujours controversée, en est un parfait exemple.

En effet, alors que des études de microscopie électronique montrent clairement que des protéines ancrées par GPI, comme la phosphatase alcaline, sont groupées à la fois en surface et dans les cavéoles invaginées [426-428], les résultats obtenus par des techniques d'immunocytochimie divergent : ces protéines seraient groupées ou distribuées de manière diffuse selon le premier anticorps utilisé [429], l'utilisation ou non d'un second anticorps [430] et les conditions de fixation utilisées [430, 431].

D'autres protéines ancrées par GPI se trouvent réparties de manière diffuse à la surface membranaire après marquage direct avec un seul anticorps, alors qu'elles sont groupées lorsque des méthodes de marquage indirect sont utilisées [432]. Les regroupements observés après addition d'anticorps ne sont pas uniformément répartis, mais on les trouve plutôt à proximité [433] ou dans [430] des cavéoles invaginées ou colocalisés avec la cavéoline [432].

A l'inverse, les résultats obtenus par les méthodes biochimiques de purification, utilisant [424] ou non [423, 425] des détergents, s'accordent pour localiser les protéines ancrées par GPI dans les fractions de cavéoles. Or, certains auteurs affirment que l'utilisation de détergents peut modifier la composition des cavéoles, mais surtout ne permettrait pas d'isoler spécifiquement cette fraction. Les fractions étudiées seraient contaminées par les membranes de vésicules cytoplasmiques provenant des endosomes et de l'appareil de Golgi.

Seul le prétraitement des cellules avec des anticorps dirigés contre la protéine [413] ou avec de la silice cationisée [421] conduit à la détection de protéines ancrées par GPI dans d'autres fractions cellulaires.

Ces protéines ne pouvant être à la fois groupées et dispersées, une hypothèse a été émise suggérant que les protéines ancrées par GPI soient toujours mobiles au sein de la membrane même après leur fixation par des aldéhydes, leur distribution pourrait alors être modifiée après addition de divers agents.

Si la localisation des protéines ancrées par GPI n'est toujours pas définie, la majorité des études morphologiques et fonctionnelles sont en faveur de leur localisation dans les cavéoles.

L'absence de méthode de purification de référence, à laquelle s'ajoutent les risques de contamination et les artéfacts d'extraction supposent qu'une vérification qualitative des fractions obtenues soit faite si possible en utilisant des méthodes indépendantes.

Bien qu'imparfaites, ces techniques ont toutefois permis de caractériser les entités moléculaire constituant les cavéoles (tableau 6). Toutes ces molécules ont été décrites comme étant concentrées dans les cavéoles. Toutefois, seules 35 % d'entre elles ont pu être localisées à la fois par des méthodes biochimiques et morphologiques.

Cette liste ne prend pas en considération la technique de purification utilisée pour identifier la molécule. Prise dans son ensemble, la liste montre que les cavéoles présentent une composition lipidique particulière : sphingomyéline (SPH), glycosphingolipides (GSL), cholestérol, qui explique leur propriété de non-solubilisation par les détergents. Ces caractéristiques ont pu être reconstituées *in vitro* en utilisant des liposomes composés de cholestérol et de sphingomyéline ([434] [435].

Ainsi, SPH/GSL/cholestérol forment le noyau lipidique des cavéoles. Celui-ci joue un rôle important dans l'attraction, au sein des cavéoles, des protéines membranaires modifiées par les lipides. Ce noyau lipidique est à la base du processus d'assemblage des cavéoles.

Lipides	Gangliosides, sphingomyéline, céramides, diacylglycérol (DAG), cholestérol	Récepteurs membranaires	PDGF Insuline EGF RAGE CCK
Protéines acylées			M2 acétylcholine β-adrénergique
	Cavéoline, Hétérotrimérique Gα et Gβ, Src,Fyn, NOS CD-36		Bradykinine Endothéline SR-BP1
Protéines ancrées par GPI	Récepteur aux folates Phosphatase alcaline Prion Urokinase 5'-nucleotidase CD14	**Molécules de signalisation**	PKCα SHC SOS GRB2 MAP Kinase Adényl cyclase SYP
Protéines prénylées	Rap1A Ras		PI3Kinase Raf-1 Calmoduline
Transporteurs	Porine Récepteur IP3 Ca2+ATPase Aquaporine-1 H*ATPase		Phosphinositides (PI) Annexine II
		Molécules structurales	Myosin Actine

Tableau 6: Liste non exhaustive des molécules enrichies dans les cavéoles
(d'Après [436])

C/ Les fonctions des cavéoles

Bien que leur existence soit connue depuis plus de 40 ans [437, 438], définir la, ou plutôt les fonctions précises des cavéoles, reste à ce jour problématique. De nombreuses molécules impliquées dans les voies de signalisation sont concentrées au niveau des cavéoles, suggérant que ces vésicules sont impliquées dans les mécanismes de transduction des signaux.

1- Des sites de production de seconds messagers : De nombreuses molécules appartenant aux voies de signalisation sont concentrées au niveau des cavéoles, indiquant l'implication de ces vésicules dans les mécanismes de transduction des signaux (tableau 6). Leur grande abondance notamment dans les adipocytes, les cellules endothéliales et les cellules musculaires lisses, laisse penser que ces caveoles ont une fonction très importante. La cavéoline-1 se trouve être en position centrale dans cette hypothèse. Il semble que cette protéine régule l'activité de plusieurs protéines, impliquées dans la transduction du signal, liées aux cavéoles. La séquence protéique impliquée dans l'interaction avec ces protéines de signalisation a été déterminée. Il s'agit d'une séquence de vingt acides aminés (scaffulding domain) (figure 15), allant du résidu 82 au résidu 101, constituant la plate-forme essentielle à toute interaction avec une protéine de signalisation. Il a été montré que cette plate-forme se lie à un motif protéique caractérisé par deux séquences riches en phénylalanine, tyrosine, tryptophane. Ces séquences sont éloignées l'une de l'autre de quelques résidus. Ce motif se retrouve être localisé aussi bien au niveau des enzymes de régulation telle que la eNOS (NO synthase endothéliale), qu'au niveau de récepteurs à activité tyrosine kinase, de molécules de signalisation (H-RAS, MEK , ERK), de récepteurs couplés aux protéines G ou à leurs molécules en aval (adényl cyclase).

D'une manière générale la cavéoline a une action inhibitrice sur l'activité des protéines qu'elle lie. Elle agit de différentes manières suivant les protéines de signalisation. Dans un premier type de cas, la cavéoline-1, en se liant à la protéine de signalisation, la maintient dans un état inactivé jusqu'à ce qu'un stimulus vienne l'activer. Dans un second type de cas, la cavéoline-1 permet la désensibilisation du signal de transduction. Elle permet en quelque sorte l'inactivation de la voie de signalisation. Ainsi, il a été démontré que la surexpression de la cavéoline-1 régulait négativement la cascade de transduction Ras-p42/44 MAPK, la voie majeure de signalisation conduisant à la prolifération des cellules [439, 440].

Effectivement, les cavéoles ont été décrites comme pouvant réguler négativement la prolifération cellulaire. Il semblerait que la protéine de structure, la cavéoline-1 soit directement mise en jeu dans la régulation de la prolifération cellulaire [441]. Le gène de la cavéoline-1 est localisé à proximité d'un locus que l'on présume important dans la suppression de tumeurs. Dès lors, des mutations de ce gène pourraient être impliquées dans certains cancers [442].

Au cours du processus de dédifférenciation, les CML perdent non seulement leur caractéristique contractile mais également des structures à la surface de la membrane cellulaire: les cavéoles [443]. De même, dans le cancer du colon, il a été démontré que le nombre de cavéoles est fortement réduit dans les cellules transformées NIH3T3 comparativement aux cellules normales [444]. La perte des invaginations est corrélée avec la phosphorylation sur des résidus tyrosines de la cavéoline-1 [444, 445]. Ainsi, la cavéoline-1 a été identifiée par Englemman *et coll.* comme un gène suppresseur de tumeurs: hautement exprimée dans les cellules normales, son expression est fortement diminuée dans ces mêmes cellules transformées [446]. Cette molécule interagit avec les différentes protéines impliquées dans la cascade de transduction et empêche leur activation. Hulit *et coll.* ont ainsi démontré que la surexpression de la cavéoline-1 était capable d'inhiber l'expression du gène de la cycline D1 [441].

2- Transport du cholestérol via les cavéoles : L'expression de la cavéoline et des cavéoles à la surface cellulaire est très sensible au cholestérol libre. Il a été observé qu'une augmentation de LDL extracellulaires était associée à une augmentation de cholestérol libre, et à l'expression de la cavéoline et des cavéoles à la surface cellulaire dans différents modèles cellulaires incluant les cellules endothéliales et cellules musculaires lisses [447]. Des expériences destinées à conforter cette hypothèse ont été réalisées par plusieurs équipes. La surexpression de la cavéoline-1 dans des lignées de cellules était associé à une augmentation du nombre de cavéoles à la surface membranaire et à un efflux de cholestérol [446, 448]. Ces expériences ont ainsi mis en évidence le rôle des cavéolines dans le transport intra et extracellulaire du cholestérol, suggérant par là même que l'homéostasie du cholestérol libre dépend des cavéoles/cavéoline.

3- Oxystérol et cavéoles : Nous avions indiqué précédemment que la formation de cavéoles, dépendait non seulement de la cavéoline, mais également du cholestérol. Il semblerait d'ailleurs que l'effet inhibiteur de la cavéoline sur la protéine Ras ne peut s'exercer que parce que le cholestérol maintient la cavéoline dans une certaine structure empêchant l'interaction de celle-ci avec les molécules impliquées dans la signalisation.
La modification à la surface cellulaire du ratio stérol/oxysterol induit une modification du signal entre les cellules. En effet, il a été démontré que

l'oxystérol peut prendre la place du cholestérol et interagir avec la cavéoline, comme le cholestérol, mais avec une moin bonne affinité [449]. Myers *et coll.* ont ainsi, montré une corrélation entre une exposition des cellules avec le 7-kétocholestérol et une augmentation de l'activité d'une protéine tyrosine kinase Src dans les cavéoles [450]. L'hypothèse serait que le fait de remplacer le cholestérol par un de ces dérivés oxydés dans les cavéoles induirait un changement de conformation de la cavéoline, ce qui permettrait l'activation des protéines impliquées dans la cascade de transduction.

4- Conclusion : Le nombre croissant d'études réalisées sur les cavéoles prouve qu'elles jouent un rôle majeur dans l'homéostasie cellulaire. Elles constituent un système membranaire complexe, jouant un rôle à la fois dans la genèse et l'intégration des signaux de transduction mais aussi dans les transports de molécules, par des systèmes dépendants de récepteurs, vers différents compartiments de la cellule. Même si ces dernières années les travaux concernant la structure et la fonction cellulaire des cavéoles ont été abondants, la nature des différents compartiments intracellulaires impliqués dans le transport des molécules par ce type de vésicules reste à déterminer.

PARTIE EXPÉRIMENTALE

Objectifs du projet de recherche

> « On ne peut pas tout vivre, alors l'important est de vivre l'essentiel et chacun de nous a "son essentiel". » De Marc Levy. Extrait du Et si c'était vrai…

L'athérosclérose est un processus de réponse cellulaire et moléculaire semblable à celui observé au cours des maladies inflammatoires chroniques. La description clinique et macroscopique de la réaction inflammatoire a permis de découvrir que de nombreuses populations cellulaires participent à l'initiation et à l'amplification du processus inflammatoire, notamment le système des phagocytes mononuclées, les lymphocytes et les plaquettes. Par l'intermédiaire des médiateurs qu'elles libèrent, ces cellules participent au développement de la réaction inflammatoire. Cependant, la plupart des médiateurs impliqués dans l'inflammation interviennent également dans d'autres processus réactionnels tel que les réactions immunitaires, la coagulation ou la prolifération cellulaire. Les intrications et interrelations multiples entre ces différents processus et le nombre élevé de mediateurs expliquent, pour partie, la difficulté de modéliser la réaction inflammatoire, que l'on peut schématiser en trois étapes [165] :

1. Première étape : exposition aux agents pro-inflammatoires. Cette étape active le système des monocytes-macrophages. Il participe à la première ligne de défense par la phagocytose des agents pathogènes.
2. Deuxième étape : synthèse et relargage de médiateurs « proximaux ». Cette famille de médiateurs, découverts au cours de ces vingt dernières années, sont de puissantes molécules pro-inflammatoires.

Ces médiateurs, notamment les cytokines (en particulier l'IL1β), sont capables d'agir localement (effet paracrine) ou à distance (effet endocrine) sur différents types cellulaires [451].

3. Troisième et dernière étape : activation de la sPLA2 et synthèse des « effecteurs distaux » de la réaction inflammatoire [165]. La sPLA2 est présente physiologiquement à un taux faible dans la plupart des tissus et est retrouvée à des concentrations élevées dans le plasma lors de nombreuses pathologies inflammatoires. Sa synthèse est induite par les stimuli inflammatoires sous l'action de différentes cytokines dont l'IL1β. La sPLA2 assure l'hydrolyse des phospholipides membranaires et libère des acides gras permettant la synthèse de nouveaux médiateurs de l'inflammation tels que l'acide arachidonique ou ses métabolites (prostaglandines, thromboxanes ou leucotriènes) et des lysophospholipides. En conséquence, cette enzyme est un maillon fondamental de la cascade inflammatoire et constitue de ce fait, un marqueur de ce processus.

Au cours des dernières années, de nombreux travaux ont cherché à comprendre les mécanismes qui régissent ces différentes étapes de l'inflammation. Tous ces mécanismes ne sont pas encore complètement élucidés et dans notre laboratoire, nous nous intéressons plus particulièrement à ceux de la 3ème étape.

Etant donné la complexité du processus athéroscléreux chez l'homme, il n'existe pas à l'heure actuelle de modèle expérimental idéal reproduisant très exactement la pathologie humaine. Néanmoins, certains processus peuvent être étudiés séparément en fonction du modèle cellulaire choisi. Dans notre cas, nous avons étudié l'implication des CML dans les processus inflammatoires de cette pathologie :

1. D'une part, parce que les CML sont la principale source de sPLA2 de type IIA dans les parois vasculaires athérosclérosées,

2. D'autre part, parce que la modulation phénotypique et la prolifération des CML dans l'intima artériel est une des étapes clef du développement de l'athérosclérose.

Cette modification phénotypique des CML est liée à un processus de dédifférenciation : la cellule contractile évolue vers un état fonctionnel différent avec la perte ou la modification des protéines contractiles et membranaires, une augmentation et modification de la synthèse de composées de la matrice extra-cellulaire et de molécules pro-inflammatoires, notamment la sPLA2. Ces modifications rendent la cellule apte à répondre aux stimulis chimio-attractant et prolifératif. Nous nous sommes intéressés aux mécanismes qui pourraient favoriser ce changement phénotypique des CML au cours de l'athérosclérose.

Il apparaît clairement que les AGPI sont impliqués dans l'inflammation et la prolifération cellulaire. De nombreuses études épidémiologiques ont montré que les AGPI de la série n-3 , tels que ceux retrouvés en grande quantité dans les huiles de poissons, possédaient des effets bénéfiques sur de nombreuses maladies cardio-vasculaires, notamment en réduisant les processus inflammatoires et prolifératifs.

Notre objectif a été d'étudier les effets des AGPI sur des cultures primaires et secondaires de CML d'aorte de rat dans des conditions inflammatoires de traitement par l'IL1β. En particulier, nous nous sommes intéressés aux effets de l'EPA et du DHA (AGPI de la série n-3) sur la prolifération cellulaire, et la sécrétion de la sPLA2 de type IIA en comparaison des effets de l'AA (AGPI n-6). A travers ce marqueur, d'autres facteurs de l'inflammation notamment la PGE2 et les enzymes permettant sa synthèse (les COX) ont été également étudiés.

Chapitre 1 : Effets des acides gras polyinsaturés n-3 et n-6 sur les cellules musculaires lisses d'aorte de rat induites par Il1β.

Stratégie développée

L'identification des cascades d'événements moléculaires contrôlant l'expression du gène de la sPLA2 de type IIA au cours de la réponse inflammatoire représente un réel enjeu biologique. En effet la mise en évidence des voies de transduction et des facteurs transcriptionnels impliqués, pourrait permettre l'élaboration de nouveaux médiateurs pharmacologiques pouvant moduler la réponse inflammatoire. Les effets anti-inflammatoires des AGPI de la série n-3 ont été testé sur la sPLA2 de type IIA dans des cultures de CML d'aortes de rat. La réponse inflammatoire des CML est activée par l'incubation avec l'IL1β, une cytokine qui joue un rôle central dans de nombreuses lésions intimales [29, 452]. De nombreuses études ont montré que l'IL1β induit la production de sPLA2 dans les CML qui n'expriment pas cette enzyme à l'état basal [73, 157]. L'étude fonctionnelle du promoteur du gène de la sPLA2 de type IIA de rat cloné au laboratoire [201], a permis de caractériser les éléments de régulation transcriptionnelle impliqués dans l'expression du gène de la sPLA2 de type IIA par l'IL-1β.

Au laboratoire, nous avons également montré que l'activation de la sPLA2 nécessitait au préalable une activation de la cPLA2. Les éventuelles interrelations des différentes formes de PLA2 (intracellulaires et sécrétées) sont connues [137, 453] mais largement incomprises.

L'activation de la cPLA2 est considérée comme l'un des éléments centraux dans la régulation de la sPLA2 de type IIA. En effet, une relation a été décrite entre des sPLA2 et la cPLA2 par notamment l'équipe de Kudo

129

[117]. Huwiler *et coll.*, ont montré que la sPLA2 de groupe IIA (recombinante humaine ou purifiée à partir des cellules mésangiales de rat) et la sPLA2 de *Naja mossambica* induisent une activation rapide de la MAP kinase p42 qui sont connues pour activer la cPLA2 [453]. La sPLA2 de *Naja mossambica* active la cPLA2 *via* une cascade de phosphorylation. Les effets des sPLA2 sont mimés par le LPC, un produit de réaction de l'activité enzymatique des sPLA2. Ceci suggère que les sPLA2 agissent au travers de leur activité enzymatique et activent la cPLA2 via la voie de signalisation PKC/Raf-1/MAPK. La sPLA2 humaine de groupe IIA et la sPLA2 de *naja mossambica* ne se fixent pas sur le récepteur de type M de rat, il est donc improbable qu'il intervienne dans cette voie de signalisation. Une autre étude a montré que la stimulation d'un astrocytome humain 1321N1 par la sPLA2 recombinante humaine de groupe IIA conduit à l'activation des MAP kinases (p42 et p38) et à la phosphorylation rapide de la cPLA2 conduisant à la prolifération de ces cellules [177]. Par ailleurs, les interrelations sPLA2/cPLA2 constitueraient une boucle retroactive d'action de la cPLA2 sur la sPLA2. En effet, l'activation de la cPLA2 ne semble pas dépendante de l'activité enzymatique des sPLA2. *L'inhibition sélective de la cPLA2 s'accompagne d'une inhibition de l'action de la sPLA2, suggèrant que l'action de la cPLA2 est nécessaire à l'action de la sPLA2.* Des résultats comparables sont obtenus dans des macrophages péritonéaux de rats stimulés par du LPS [117]. Dans ce cas, *l'activation de la cPLA2 semble conduire au réarrangement de la membrane cellulaire permettant l'activité enzymatique de la sPLA2 de groupe IIA.* L'hypothèse selon laquelle une première activation de la cPLA2 est nécessaire à l'action de la sPLA2 a été aussi émise dans les macrophages P388D1 stimulés par le LPS ou le PAF [116].

Il est claire que l'activation de la cPLA2 conduit au réarrangement de la membrane cellulaire nécessaire à l'activité enzymatique de la sPLA2 de type IIA. Cependant, comment celle-ci active la sPLA2 ?

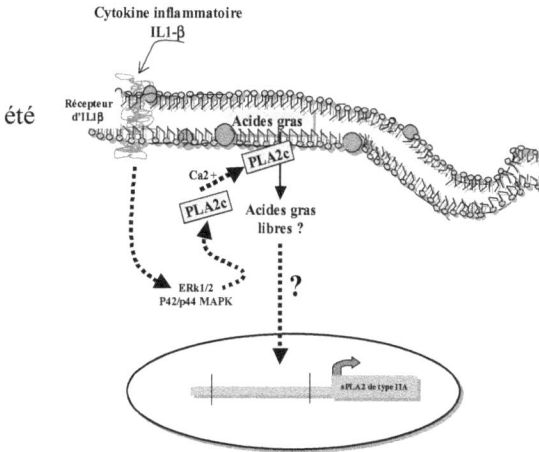

D'après ce qui a été réalisé dans notre laboratoire, en ce fixant sur son récepteur, l'IL1β active la cPLA2 via la voie MAPK. La cPLA2, une fois activée, libère les acides gras de la bicouche membranaire (préférentiellement l'AA). Cet acide gras ou un de ces métabolites pourraient activer la sPLA2 de type IIA.

L'AA, est un constituant naturel des membranes cellulaires d'où il est libéré. Ainsi, tout facteur alterant son taux et/ou sa libération est potentiellement susceptible de modifier son métabolisme et donc la production des dérivés oxygénés de l'AA. En effet,la production excessive de leucotriènes et prostaglandines impliqués dans la réaction inflammatoire sont détectés à fortes concentrations dans la pathologie de l'athérosclérose et dans notre étude, nous nous sommes focalisé sur l'une d'entre-elles, la prostaglandine E_2 (PGE_2).

Contrairement au rôle de l'AA dans de nombreuses pathologies imflammatoires, les AGPI n-3 sont reconnus pour leur rôle bénéfique et

131

anti-inflammatoire, néanmoins leur mode d'action reste mal connu. *La question est de savoir par quel mécanisme ces AGPI n-3 exercent-ils leurs effets, et quelles sont les cibles moléculaires?* Aucune étude n'a jusqu'à présent été réalisée dans les CML en ce qui concerne le mode d'action de ces AGPI n-3 sur les marqueurs de l'inflammation tels que la sPLA2 et PGE2.

B- Article 1

Different effects of n-6 and n-3 polyunsaturated fatty acids on the activation of rat smooth muscle cells by interleukin-1β

Souad Bousserouel, Arthur Brouillet*, Gilbert Béréziat, Michel Raymondjean and Marise Andréani. (2003) *Journal of Lipid Redearch vol 44 : 601-611.*

C- Résultats et discussion

Pour mimer les effets d'une alimentation riche en EPA et DHA dans le cadre des processus inflammatoires de l'athérosclérose, nous avons incorporé ces AGPI dans les membranes des CML en culture. En effet, dans un premier temps, nous n'avons pas observé les effets anti-inflammatoires d'EPA et DHA lorsque ces AGPI ont été ajoutés de manière concomitante à l'activation des CML par l'IL1β. Aussi dans un deuxième temps, des monocouches confluentes de CML ont été pré-traitées pendant 24 heures dans un milieu DMEM dépourvu de sérum et incubés en présence ou en l'absence des AGPI n-3 (DHA, EPA) et n-6 (AA). Differents paramètres d'incorporation des AGPI aux membranes ont été testés (temps d'incubation, concentration et rapport AGPI/Albumine). L'enrichissement le plus efficace a été obtenu avec une concentration d'AGPI de 50 µM avec un rapport albumine de 3 pour DHA, EPA ou de 4 pour l'AA et avec une incubation de 24 h (tableau 1). Les résultats obtenus ont montré que le taux d'incorporation des acides gras est augmenté de 5 fois pour l'AA, de 11 fois pour EPA et de 5 fois pour le DHA. En revanche l'incorporation de ces AGPI n'influence en rien la concentration des autres acides gras présents dans la bicouche membranaire.

133

D'après les résultats antérieurs de l'équipe, on sait que le traitement des CML avec l'IL1β pendant 24 h, en activant la cPLA2, libère les acides gras incorporés dans la bicouche membranaire des CML [73]. Qu'elle peut donc être la conséquence d'un enrichissement des CML par les AGPI n-3 en comparaison de l'AA qui potentialise les effets de l'IL1β ? [454, 455].

Nous avons montré que l'incorporation en AA augmente l'expression de tous les marqueurs de l'inflammation que nous avons étudiés : VCAM-1 et MCP-1 (figure 1), sPLA2 (figure 2), COX-2 et PGE2 (figure3). Au contraire de l'AA, l'EPA et le DHA provoquent peu ou pas d'activation de ces molécules d'adhésion et pro-inflammatoires. De plus, pour certains marqueurs testés, l'incorporation en AGPI n-3 diminue leur niveau d'expression en dessous des valeurs obtenues avec l'IL1β.

L'emploi des inhibiteurs pharmacologiques (figure 2B) de la cPLA2 (AACOCF3), de la voie des COX (indomethacine) ou de la voie des LOX (NDGA), nous a permis de préciser le mécanisme d'activation de la sPLA$_2$. Nous confirmons bien que l'activation de la sPLA2 nécessite au préalable l'activation de la cPLA2 [73, 116, 193]. La production excessive de dérivés oxygénés de l'AA, les eicosanoides, font partie des médiateurs qui sont impliqués dans la réaction inflammatoire. Dans notre modèle, la voie des cyclooxygénases est également impliquée et nous démontrons que l'incorporation de l'AA augmente très fortement la synthèse de PGE2 en réponse à l'IL1β. Au contraire, l'incorporation de l'EPA ou du DHA inhibe complètement la production de cette prostaglandine (figure 3A).

Pour savoir comment les AGPI influencent la synthèse de PGE2, notre étude s'est tout naturellement étendue sur l'influence de ces AGPI sur les isoformes de COX. Il est maintenant établi que la COX-2 (dit « inductible ») est une enzyme induite lors des réponses inflammatoires.

Cette induction passe d'abord par celle du gène et se traduit par une forte augmentation de son ARN messager. Nous avons ainsi démontré que contrairement à l'AA, les AGPI n-3 inhibent fortement l'expression du messager de la COX-2 induite par l'IL1β lorsqu'ils sont préalablement incorporés aux phospholipides membranaires (figure 3B).

Le rôle de COX-1 (dit « constitutive »), quant à lui, ne peut être exclu [456, 457]. En effet, de nombreuses études démontrent que COX-1 contribuerait également à la réponse inflammatoire [458].

Dans notre modèle, nous avons démontré que contrairement à l'AA, les AGPI n-3 inhibent l'expression du messager de la COX-1 induite par l'IL1β lorsqu'ils sont préalablement incorporés aux phospholipides membranaires comme vous pouvez le voir sur le graphe.

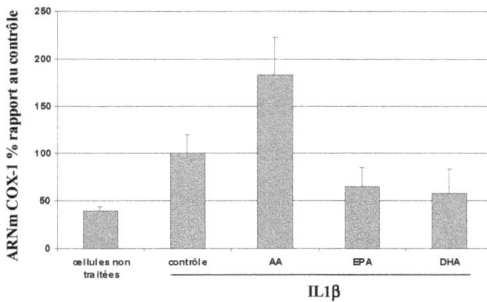

Effet des AGPI sur l'expression de COX-1

Afin de décripter les mécanismes moléculaires mis en jeu par les AGPI, une étude précise des facteurs transcriptionnels a été entreprise. Nos recherches se sont naturellement portées vers l'étude des récepteurs nucléaires PPAR dont certains acides gras ont été décrits comme des ligands potentiels. Plusieurs isoformes de PPAR existent et il a été démontré que PPARα et PPARγ étaient tous les deux présents dans les CML ([459, 460],

Notre laboratoire a très récemment montré que, dans les CML de rat, l'induction du gène de la sPLA2 de type IIA par l'IL1β pouvait être mimée par l'AA lui-même ou par les ligands des PPARγ (ΔPGJ2) [73]. Un élément de réponse aux PPAR a été caractérisé dans la région [-160 : -133] du promoteur de la sPLA2 de rat [73]. Neanmoins, ce site de fixation est de faible affinité ce qui laisse supposer que d'autres éléments du promoteur seraient impliqués dans l'induction de la sPLA2 par l'IL-1β.

Au contraire, différentes études ont montré que les PPAR avaient un rôle anti-inflammatoire, soit en inhibant la synthèse des médiateurs de l'inflammation, tel que les cytokines, des prostaglandines ou la COX-2, soit en diminuant l'expression des molécules d'adhésion VCAM-1 [221, 459, 461-463]. De plus, il a été démontré que l'activation des facteurs PPAR inhibait la prolifération des CML [464].

Nous avons donc tenté de mettre en évidence l'existence, dans nos CML, d'une variation de l'abondance des PPAR, et de leur capacité de liaison à un élément *cis-*, soit sur une séquence consensus PPRE, soit de la région [-160 : -133] du promoteur de la sPLA2 par des expériences de retardement sur gel. L'enrichissement des CML en AGPI puis leur stimulation par l'IL1β n'avait induit aucune fixation des facteurs PPAR sur les 2 sondes utilisées. De manière à compléter ces observations, nous avons determiné l'abondance des protéines PPARα, PPARγ par la technique de western blot avec les extraits nucléaires enrichies ou non avec les différents AGPI et stimulés par l'IL1β. On n'a observé aucune variation de la quantité de ces récepteurs nucléaires entre les différents traitements, ce qui suggère que la voie d'activation des PPAR ne semble pas mise en jeu dans la régulation de la sPLA2 par les AGPI (résultats non publiés).

Etant donné que la régulation de l'activité du promoteur de la sPLA2 par les AGPI ne semble pas agir via les PPAR, nous avons étudié l'implication de plusieurs autres facteurs transcriptionels. Les promoteurs humains et de rat du gène de la sPLA2, ont été clonés au laboratoire et plusieurs facteurs de transcription impliqués dans la régulation de ce gène ont été identifiés. Ainsi, il a été démontré que les facteurs NF-KB et C/EBP sont essentiels dans l'activation du gène de la sPLA2 induite par l'IL1β [187, 195, 201]. Récemment, notre équipe a découvert que le facteur Ets est également impliqué dans cette régulation [201]. Ces facteurs de transcription sont connus pour être engagés dans les réponses inflammatoires, immunitaires, prolifératives ou apoptotiques [465-467]. Dans les lignées de monocytes/macrophages, il a été montré que les AGPI n-3 EPA ou DHA bloquait l'activation du facteur NF-KB [335, 337, 468, 469]. Dans les CML, nous avons montré par des expériences de retardement sur gel (figure 4), que la fixation des facteurs NF-KB, C/EBP et Ets est inhibée lorsque les CML sont enrichies en AGPI n-3 (EPA ou DHA) contrairement à la forte stimulation observée en présence de l'AA. De plus, dans des expériences de western blot (figure 5), nous démontrons également que la localisation nucléaire de ces facteurs transcriptionnels est fortement réduite dans les cellules enrichies en AGPI n-3. Dans le cas de NF-KB, on a démontré que l'EPA et le DHA diminuent la phosphorylation et donc la dégradation de IKB-α permettant la translocation de NF-kB du cytosol vers le noyau.

En conclusion, les AGPI de la série n-3, contrairement à l'AA, agissent sur le promoteur de la sPLA2 en empêchant la fixation des facteurs de transcription NF-KB, C/EBP et Ets à leurs éléments de réponse respectifs.

Les promoteurs de COX-2 et VCAM-1 contiennent également des éléments de réponse aux facteurs de transcription C/EBP, Ets et NF-KB

[466, 470-472]. On pourrait donc imaginer, une inhibition de l'activation des promoteurs de la COX-2 et de VCAM-1 via une inhibition de la fixation de ces facteurs nucléaires comme pour la sPLA2

Le tout était de savoir comment les AGPI n-3 bloque la fixation des facteurs nucléaires à leur élément de réponse ? Il a été montré dans la littérature que l'AA aussi bien que l'IL1β étaient capables d'induire la translocation de ces facteurs de transcription dans les noyaux des cellules via l'activation de la famille des MAPK [278, 473-475]. Cette voie de transduction semble prépondérante dans la transmission du signal induite de la membrane plasmique vers le noyau qui permet la phosphorysation de certains facteurs nucléaires [78, 476, 477]. L'explication de l'effet anti-inflammatoire des AGPI n-3, pourra être démontré par l'inhibition potentielle des voies MAPK conduisant à l'inactivation des facteurs de transcription cités plus haut.

Afin de préciser le mode d'action des AGPI sur cette voie, l'implication de la voie p42/44 MAPK a été étudiée par l'utilisation d'un inhibiteur pharmacologique, le PD98059. Dans les expériences de retardement sur gel, le traitement des cellules enrichies en AA par le PD98059, conduit à la diminution de la fixation des facteurs nucléaire NF-KB et C/EBP (résultats non publiés). Ces résultats sont en accord avec l'inhibition de l'activité enzymatique de la sPLA2 observée en présence de PD98059 (figure 2). Ceci suggère que l'induction de l'expression du gène de la sPLA2 par les facteurs nucléaires NF-KB et C/EBP implique l'activation de la voie p42/44 MAPK. Par western blot, nous avons démontré que cette voie était régulée non pas par une modification quantitative de la protéine ERK mais par une modification de son état de phosphorylation (figure 6). En effet, un traitement des CML par l'EPA ou le DHA conduit à la réduction de l'état de phosphorylation de p42/44 ERK en comparaison à l'AA.

Chapitre 2 : EPA et DHA diminuent les processus proathérogéniques induits par l'IL1β dans les CML d'aorte de rat : inhibition de l'expression de la cycline D1, du facteur de transcription Egr-1 *via* un mécanisme cavéoline-dépendant

Stratégie développée

Les études épidémiologiques menées sur des populations d'Esquimaux du Groenland présentent des taux de maladies cardio-vasculaires très bas, comme cela est décrit dans la partie introductive. Cette observation a été reliée à l'alimentation particulière de ces populations, qui est presque exclusivement constitué de produits d'origine marine et donc exceptionnellement riche en AGPI n-3. Cependant, des études ultérieures ont non seulement confirmé, sur d'autres populations, les effets bénéfiques des AGPI n-3 sur les maladies cardiovasculaires mais ont également montré *un effet protecteur de ces AGPI sur le développement de certains cancers,* c'est le cas en particulier des cancers du sein, du côlon et de la prostate [351]. D'autre part, la majorité des résultats publiés récemment concernant le rôle bénéfique des AGPI n-3, se trouve être dans un contexte tumoral [478]. Le mode d'action de ces AGPI et leur cibles moléculaires ne sont pas connues, aussi bien pour les cancérologues que pour ceux qui étudient la pathologie de l'athérosclérose.

Généralement, l'équilibre entre la prolifération et la différenciation cellulaire est un processus soumis à un contrôle très strict au sein de la cellule normale. Le dérèglement de cet équilibre peut conduire à l'apparition de cellules tumorales. En particulier, la cycline D1 qui peut-être activée de façon continue dans les lignées cancéreuses, doit être soumise à un contrôle strict. La protéine suppresseur de tumeur du rétinoblastome Rb, joue également un rôle important dans cet équilibre, en particulier dans le blocage du cycle cellulaire en G_1 en réprimant la transcription des gènes impliqués dans la phase S du cycle [479]. L'inactivation de Rb par sa phosphorylation induite par une kinase cycline D1 dépendante (Cdk) permet l'entré en phase S du cycle. Voir schema récapitulatif ci-après.

Les phases du cycle cellulaire

Chaque cycle cellulaire consiste en 4 phases successives :
- Phase G_1 (pour Gap ou phase de croissance 1)
- Phase S (synthèse de l'ADN)
- Phase G_2 (pour Gap ou phase de croissance 2)
- Phase M (pour mitose)

On appelle G_0 l'état de repos des cellules qui ne se divisent pas.

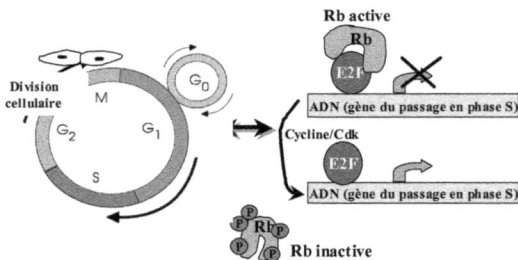

Cycle cellulaire et rôle de Rb. Au début de la transition, Rb bloque le facteur de transcription E2F. La transcription des gènes du passage en phase S est bloquée par le complexe Rb/E2F. Au point de restriction, Rb est inactivé par les Cyclines D/Cdks et se détache du facteur de transcription E2F : la transcription est activée.

Quel est la place des AGPI dans ce contexte ?

Voyons ce qui a été fait jusqu'à présent dans notre modèle cellulaire.

Dans le cas des AGPI n-6 : Les travaux de l'équipe d'Alexender et de Marshall ont démontré par incorporation de thymidine tritiée que l'AA était capable d'induire la prolifération des CML humaines.

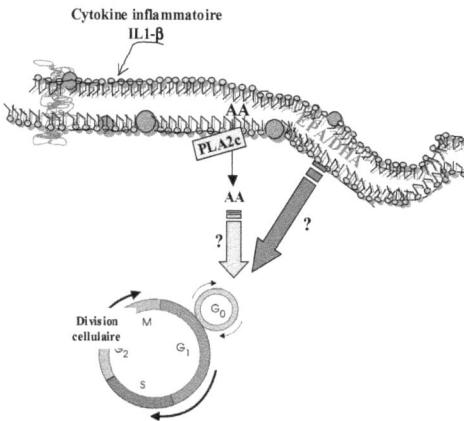

L'utilisation d'inhibiteur pharmacologique montre que la PLA2 cytosolique et la voie des MAPK/ERK seraient impliquées dans l'activation de la synthèse d'ADN induite par l'AA. Cependant, les mécanismes moléculaires ne sont pas connus [454, 455].

Dans le cas des AGPI n-3 : les travaux de l'équipe de Benedict et de Hirai ont démontré que les AGPI n-3 inhibaient la prolifération des CML induite par la sérotonine ou le PDGF mais là encore, les cibles moléculaires ne sont pas décrites [339, 480].

C'est pourquoi, en continuité avec les travaux réalisés par ces différentes équipes, le second objectif de ma thèse a consisté à mettre en évidence les voies de signalisation pro-mitogènes conduisant à l'activation du gène de la cycline D1 par les AGPI n-6 et surtout de comprendre les effets anti-mitogéniques des AGPI n-3. Le gène de la cycline D1 a été choisi en raison de son rôle fondamental dans les toutes premières étapes de la progression du cycle cellulaire (phase G1 et transition G1/S).

La recherche des mécanismes moléculaires responsables des effets antagonistes des AGPI n-3 comparés à ceux des n-6 a été développée en analysant les voies de signalisation p21Ras /Raf et MEK/ERK. L'activité des facteurs de transcription précoces tel que Egr-1, sera également étudiée. Ce facteur est considéré comme un modulateur important du cycle cellulaire et est induit de manière transitoire par de nombreux effecteurs extracellulaires mitogènes. Une étude récente démontre de plus, qu'Egr-1 est directement impliqué dans la migration et la prolifération des CML [74]. Ce facteur, indétectable dans les CML à l'état normal [74, 481], apparaît lors de lésion cellulaire. Par conséquent, ce facteur pourrait être directement impliqué dans le développement de l'athérosclérose.

Les hypothèses concernant les modes d'action possibles de l'EPA et DHA reposent, soit sur des changements de la fluidité membranaire, soit sur des perturbations des contacts entre les protéines de signalisation et la membrane. Les CML présentent au niveau de leurs membranes plasmiques des microdomaines que l'on appelle cavéoles dont la structure est maintenue par les protéines à phosphotyrosines, les cavéolines. Ces cavéoles renferment et sequestrent de nombreuses molécules de signalisation acylées ou myristoylées [482-484].

Cette nouvelle étude ouvre de nouvelles perspectives des évènements moléculaires induits par les AGPI agissant sur la prolifération. Bien que les effets préventifs de ces AGPI n-3 sur l'athérosclérose soient admis et que le rôle des cavéoles dans la prolifération cellulaire soit largement décrit, l'implication des AGPI n-3 sur l'expression de gène tel la cycline D1, Egr-1 et sur les cavéoles n'a pas encore été décrite.

B-Article 2

n-3 polyunsaturated fatty acids inhibited expression of cyclin D1 and transcription factor Egr-1 in vascular smooth muscle cells via regulation of the MAPK pathway and caveolin

Souad Bousserouel, Arthur Brouillet*, Michel Raymondjean, Gilbert Béréziat and Marise Andréani. Eur J Biochem. 2004; 271(22):4462-73.

C- Résultats et discussion

La prolifération des CML est une composante majeure du développement de la pathologie de l'athérosclérose. Au cours de la réaction inflammatoire, les cellules musculaires lisses vont se dedifférencier, c'est-à-dire qu'elles vont passer d'un phénotype quiescent et contractile à l'acquisition d'un phénotype secrétoire et prolifératif pour migrer de la média vers l'intima. Il a été décrit que les AGPI n-3 (EPA-DHA) ont la capacité d'inhiber la prolifération des CML induits par différents facteurs comme le PDGF, la serotonine, la vasopressine ou le TGFβ [340, 485-487].

Dans le but de mieux comprendre les mécanismes cellulaires impliqué dans l'effet anti-mitogène de l'EPA et DHA, nous avons entrepris d'étudier la régulation de l'expression du gène de la cycline D1 dans les CML. Dans un premier temps nous avons confirmé l'effet anti-mitogène des AGPI dans nos conditions expérimentales. Afin de travailler sur une population cellulaire homogène, les cellules ont été synchronisées par privation de sérum. Cet arrêt de croissance est réversible et la division reprend par l'addition dans le milieu de culture de sérum de veau fœtal à 10%. L'étude de la synthèse d'ADN en phase S du cycle de division

143

cellulaire a été réalisée par la mesure de l'incorporation de BrdU (analogue de la thymidine) dans l'ADN de cellules enrichies en AGPI n-6 et n-3 (figure 1). Le traitement des CML avec l'IL1β, en absence d'incorporation des AGPI (situation contrôle normalisée à 100%), n'induit pas de prolifération cellulaire. L'incorporation du BrdU dans les CML est augmentée de 4 fois après addition du sérum qui contient de nombreux facteurs de croissance connus pour jouer un rôle fondamental dans la division cellulaire : cette stimulation nous sert de contôle positif de la proliferation des CML. L'enrichissement des cellules en AA induit une synthèse d'ADN dans les CML de 4 fois par rapport aux cellules traitées par IL1β. Au contraire, l'enrichissement des cellules en EPA et DHA est prôche de celle observée dans les cellules contrôles et par rapport aux cellules enrichies en AA, on observe une diminution de 85 %.

Afin d'analyser l'effet mitogène de l'AA et de comprendre l'action antagoniste de l'EPA et DHA, nous avons étudié l'action de ces AGPI sur l'induction d'un gène rapporteur luciférase en amont duquel était clonée la région promotrice [-973 +139] du gène de la cycline D1. Comme dans l'expérience précédente d'incorporation de BrdU, le traitement des CML par IL1β est sans effet sur l'activation du promoteur de la cycline D1 (figure 2). Lorsque les CML sont enrichies par l'AA, l'activité promotrice est augmentée d'un facteur de 2 fois par rapport aux cellules traitées par IL1β (contrôle). En revanche, dans les CML enrichies en EPA et DHA, l'activité promotrice de la cycline D1 est proche de celle observée dans les cellules traitées controle et par rapport aux cellules enrichies en AA, on observe une diminution de 50 %. En présence de sérum, l'activité promotrice est augmentée d'au moins 3 fois par rapport aux cellules stimulées par IL1β. Cette activité est encore plus forte (+35%) lorsque les CML sont enrichies par l'AA. En revanche, EPA et DHA inhibent l'activité du promoteur de la cycline D1 induite par le sérum de 20 et 30% respectivement.

Nous avons donc voulu déterminer si l'effet inhibiteur des AGPI n-3 sur la prolifération cellulaire et l'expression de la cycline D1 affectait également la phosphorylation du Rb. Nous démontrons, par des expériences de western blot, que comparativement à la situation controle (traitement par l'IL1β seul), on observe une hyperphosphorylation de Rb dans les CML enrichies en AA (figure 4). En revanche, l'incorporation en EPA ou le DHA est sans effet. Cette hyperphosphorylation est également retrouvée lorsque les CML sont stimulées par le sérum, notre contrôle positif de prolifération. Ces résultats suggèrent que la réduction de l'expression de la cyclin D1 par les AGPI n-3 bloque la phosphorylation du Rb et empeche par conséquent la prolifération cellulaire.

De nombreuses études ont démontré que la prolifération cellulaire et l'activation de la cycline D1 étaient dépendant de l'activation de la voie des MAPK et de la phosphatidylinositol 3-kinase p85/p100 (PI3K) [488 , 489]. L'utilisation d'inhibiteurs spécifiques des protéines ERK et PI3K confirment que la voie de signalisation Ras/Raf-1/MAPK, ainsi que la voie PI3K est essentielle à l'activation du promoteur du gène de la cycline D1 par l'AA (figure 2B). La surexpression de mutants positifs de Ras (RasK12) ou de Raf-1 (Raf BXB) stimulent fortement l'activité du promoteur de la cycline D1 dans les cellules traitées par IL1β. Au contraire des résultats obtenus avec l'AA, l'incorporation en EPA ou DHA réduit significativement cette activité. Ce travail montre, pour la première fois, que les AGPI n-3 interfèrent avec la voie de signalisation Ras/Raf-1/MAPK permettant l'activation de la cycline D1 bien en amont de l'activation de ERK1/2 comme on l'avait observé dans le premier article.

Le promoteur de la cycline D1 présente plusieurs séquences cis-régulatrices sur lesquelles peuvent venir se fixer plusieurs facteurs de transcription, notamment NF-KB, Ets et Egr-1 [490-493].

Nous avions montré dans le premier article, qu'au contraire des résultats obtenus avec l'AA, l'incorporation en EPA ou DHA inhibaient l'action des facteurs NF-KB and Ets-1 [336].

Les expériences de co-transfection avec les vecteurs d'expression p65 NF-KB, Ets-1 et Egr-1 démontrent l'implication de ces 3 facteurs dans l'activation du promoteur de la cycline D1 (figure 5D). Au contraire de l'AA, l'incorporation d'EPA ou DHA bloquent l'activation du promoteur induite par ces 3 facteurs transcriptionnels. Ces résultats démontrent que les AGPI n-3 affectent les méchanismes moléculaires qui régulent la synthèse de la cycline D1 en empêchant la transactivation induite par NF-KB, Ets-1 and Egr-1.

Le facteur Egr-1 (pour early growth response protein-1, appelée également NGFI-1, ZIF268, Krox24 et TIS8) joue effectivement un rôle important dans la régulation du promoteur de la cycline D1 [494]. Le promoteur du gène de la cycline D1 renferme deux sites de liaison putatifs pour le facteur transcriptionnel Egr-1 [492]. En effet, une région [−136/-96 pb] possédant un élément de réponse Egr-1 en position 5' et 2 éléments de réponse Sp1 côte à côte en position 3' formant un élément de réponse Egr. Il a été démontré au sein de notre laboratoire que seul l'élément de réponse Egr-1/Sp1 en position 3' est inductible [494]. D'autre part, il a été démontré que le facteur de transcription Sp1 peut jouer un rôle dans l'activité basale du promoteur de la cycline D1 et que le facteur de transcription Egr-1 pourrait, en prenant la place de la protéine Sp1, activer la transcription de la cycline D1 [494].

Pour déterminer si l'activité de liaison du facteur Egr-1 était régulée par les AGPI, des expériences de retardement sur gel avec un oligonucléotide comportant cet élément de réponse Egr-1/Sp1 et un excès de sonde froide Sp1 ont été réalisées (Figure 5A). Un complexe spécifique est formé uniquement en réponse à l'IL1β seul ou après enrichissement des CML avec l'AA. En revanche, l'incorporation des CML avec l'EPA ou le DHA diminue l'activité de liaison des facteurs Egr-1 induite par IL1β. Afin de déterminer si les AGPI n-3 affectent également la transcription du gène *egr-1*, nous avons détecté son expression par RT-PCR semi-quantitative et étudié son rôle fonctionnel par des transfections du promoteur du gène Erg-1. Il a été décrit que ce facteur est indétectable dans les CML à l'état normal [74, 481 , 495] et que son expression est induite précocement par des facteurs de croissance [496 , 497]. Là encore, contrairement à l'augmentation observée après traitement des CML avec l'AA, l'incorporation d'EPA ou DHA inhibe l'expression du messager du facteur Egr-1 induite par IL1β (Figure 5B). Le même type d'observation est observé dans les expériences de transfection de la région [-697 +29] du gène *egr-1* clonée en amont du gène rapporteur luciferase, où EPA et DHA inhibent l'activation du promoteur de 50 % (Figure 6A). Contrairement à l'AGPI n-6, les AGPI n-3 exercent leur effet anti-mitogénique en inhibant la synthèse du facteur de transcription Egr-1 indispensable dans l'activation du gène de la cycline D1.

L'ensemble de ces résultats illustre bien que les effets bénéfiques de l'EPA et DHA sur la prolifération des CML s'exercent à travers une inhibition de la voie des MAPK et de l'activation des facteurs de transcription NF-KB, Ets et Egr-1. Il a été décrit récemment que les AGPI n-3 modifiaient des propriétés des microdomaines de la membrane plasmique, dont les cavéoles sont un sous-type enrichie en protéines particulières dénommées cavéolines [498]. Il existe deux mécanismes moléculaires par lequel l'EPA et le DHA pourraient exercer leurs effets :

147

➢ *Les AGPI n-3 sont plus insaturés que les AGPI n-6, ils pourraient donc perturber la membrane plasmique empêchant ainsi l'insertion des protéines impliquées dans la cascade de transduction comme les protéines Ras, Raf-1 ou la PI3-K, les rendant ainsi inactives.* Cette hypothèse a été proposée par l'équipe de Matsuzaki.M dans le cas de la libération de la NOS dans les cellules endothéliales [499]. C'est probablement ainsi que le DHA réduit la localisation de la protéine Ras au niveau de la membrane plasmique. En revanche, les AGPI n-6 augmentent la quantité de cette protéine à ce niveau [498, 500]

➢ **La deuxième possibilité serait que les *AGPI n-3* réguleraient directement l'expression des cavéolines.** Cette molécule interagit avec les différentes protéines impliquées dans la cascade de transduction et empêche leur activation. Il a été démontré que l'inhibition de p42/44 MAPK par les cavéolines est due à une interaction physique entre les deux protéines empêchant ainsi, leur activation [446, 501].

Les cavéoles ont été décrites comme pouvant réguler négativement la prolifération cellulaire. En fait, il semblerait que la protéine de structure, la cavéoline-1 soit directement mise en jeu dans ce mécanisme [441]. Le gène de la cavéoline-1 étant localisé à proximité d'un locus que l'on présume important dans la suppression de tumeurs, des mutations de ce gène pourraient êtres impliqués dans certains cancers [442]. De plus, l'expression de la cavéoline-1 dans les cellules normales est fortement diminuée après leur transformation [446].

Nous avons donc cherché à évaluer le rôle des cavéolines dans l'effet inhibiteur des AGPI n-3. Pour isoler les cavéoles, nous avons utilisé la technique de purification par ultracentrifugation de domaines membranaires resistants aux detergents [423]. La caractérisation des différentes isoformes de cavéolines (cavéoline-1 et cavéoline-3) présentes dans les cavéoles sont détéctées par western blot (figure 7A). Nous démontrons que les AGPI n-3, l'EPA ou le DHA, induisent une augmentation du taux de la protéine cavéoline-1 et cavéoline-3 contrairement à l'AGPI n-6, l'AA, qui la diminue comparativement au contrôle (IL1β). En effet, l'équipe de Lisanti a démontré une relation inverse entre l'expression de la cavéoline-1 et -3 et l'activité p42/44 MAPK [502, 503]. Il était donc important d'établir s'il existe une correlation entre l'augmentation de la quantité de cavéoline et la quantité de protéines impliquée dans la cascade de transduction dans les cavéoles sous l'action des AGPI n-3. Dans les CML, les changements de l'expression de la cavéoline-1 et cavéoline-3 par les AGPI dans les cavéoles expliquerait en partie leurs effets sur la prolifération cellulaire. Nous avons aussi, démontré que la quantité des protéines ERK1/2 est augmentée dans les cavéoles après enrichissement des CML en EPA et DHA contrairement à l'AA qui diminue la quantité de ces protéines dans les cavéoles (figure 7B). Ceci conforte les données du premier article [336], concernant l'inhibition de l'activité de ERK1/2 par les AGPI n-3.

L'originalité du travail présenté dans cet article a été de démontrer pour la première fois que l'effet anti-mitogenique exercé par les AGPI n-3 s'effectue en inhibant le promoteur de la cycline D1. Cet effet s'exerce bien en amont de la cascade de transduction au niveau de la membrane plasmique plus précisement au niveau des cavéoles. En fait, la surexpression des cavéolines serait capable d'inhiber l'expression du gène de la cycline D1 [441]. Cependant, le mécanisme par lequel les AGPI n-3 intéragissent avec les cavéolines reste inconnu.

CONCLUSION GENERALE ET
PERSPECTIVES

« **Ce qu'un homme ne sait pas ou ce dont il n'a aucune idée se promène dans la nuit à travers le labyrinthe de l'esprit.** » de Johann Wolfgang von Goethe

Dans le présent travail, nous avons montré que l'*EPA et le DHA exercent bien leur rôle anti-inflammatoire et anti-prolifératif dans les CML*, ces résultats sont en accord avec les études épidemiologiques pouvant expliquer le rôle bénéfique de ces AGPI n-3 sur la pathologie de l'athérosclérose. Cependant le mécanisme moléculaire etant peu connus, on disposait de très peu d'information sur leur rôle dans les CML. Dans nos conditions expérimentales, l'enrichissement des membranes des CML en EPA ou DHA pourrait mimer les effets d'une alimentation en huile de poisson. Cette incorporation des AGPI n-3 dans les CML activées par la cytokine inflammatoire l'IL1β, inhibe à la fois la synthèse des marqueurs de l'inflammation tels que la sPLA2, la PGE2 et les COX-1 et -2, ainsi que les molécules d'adhésion telles que VCAM-1 et la chymokine MCP-1. Nous avons aussi confirmé l'effet inhibiteur des AGPI n-3 sur la prolifération des CML. Nous avons démontré que l'EPA et le DHA inhibent l'expression de la cycline D1 et la phosphorylation de Rb.

Pour expliquer l'effet des AGPI n-3 sur l'expression des gènes pro-athérogéniques et pro-inflammatoires, on a démontré l'impact de l'EPA et du DHA sur les activités des facteurs transcriptionnels tels que NF-KB, C/EBP, Ets et Egr-1. Cette régulation négative sur ces facteurs transcriptionnels pourrait s'exercer par une inhibition de la voie Ras/Raf/ERK via un mécanisme cavéole-dépendant. Les changements de l'expression des cavéolines par les AGPI n-3 dans les cavéoles expliqueraient en partie l'inhibition de la prolifération cellulaire. Ces molécules, sont connues pour interagir et empêcher l'activation de différentes protéines impliquées notamment dans les cascades de transduction de la voie des MAPK et PI3K. Cette étude est la première à démontrer une relation entre les effets bénéfiques des AGPI n-3 et les cavéolines sur l'activation des CML.

Dans ce processus, les AGPI n-3 pourraient agir soit en modifiant la fluidité membranaire et pertuber des domaines spécifique de la membrane plasmique, soit directement intéragir avec les cavéolines et influencer l'intéraction entre les cavéolines et les protéines impliquées dans les cascades de transduction. De plus, les AGPI n-3 pourraient réguler l'expression des cavéolines et ainsi moduler l'influence de la formation même des cavéoles au niveau de la membrane plasmique.

La formation des cavéoles à la surface cellulaire, l'augmentation de l'ARN messager de la cavéoline-1 ont été décrit comme étant trés sensible au cholestérol libre. Une augmentation du LDL extracellulaires est associée à une augmentation de cavéoles et / ou des cavéolines dans différents modèles cellulaires dont les CML [504]. Fra *et coll.* [505] ont montré que l'incubation des cellules avec le methyl-β-cyclodextrine (une drogue liant le cholestérol) abaisse le taux de transcrits de la cavéoline-1. Il a également été montré que les HDL induisent la translocation de SREBP-1c (pour *sterol element binding protein 1c*) dans le noyau afin d'inhiber la transcription de la cavéoline-1 [484]. Or le promoteur de la cavéoline-1 possède deux sites de liaison à SREBP-1c [506]. De plus, les AGPI sont capables d'inhiber l'expression du messager et de la protéine SREBP-1c dans le foie de souris C57BL/6J. [507, 508]. Cependant, il existe une contreverse concernant l'effet de SREBP-1c sur la cavéoline. En effet, il a été montré d'une part que la surexpression d'une forme active de SREBP-1 inhibe partiellement l'activation du promoteur de la cavéoline-1 [484, 506, 509], mais un effet opposé a aussi été décrit [510]. Pour trancher sur l'effet de SREBP sur la cavéoline, il serait donc interressant de reproduire ces expériences dans notre modèle cellulaire de CML enrichies en AGPI, notamment en transfectant le promoteur de la cavéoline-1 avec le vecteur d'expression de SREBP-1.

Les AGPI n-3 sont capables de stimuler l'efflux du cholestérol [511]. Ils pourraient exercer cet effet via la production de cavéoline et probablement en augmentant la quantité de cavéoles. Parmi les facteurs contrôlant la régulation de la cavéoline, il nous semble interressant d'étudier, en plus du facteur SREBP, le récepteur nucléaire LXR (*Liver X Receptor*) qui régule l'expression de ce dernier [385, 386]. En effet, LXR régule un grand nombre de gènes impliqués dans le transport inverse du cholestérol et joue un rôle important dans l'homéostasie des acides gras.

Selon notre hypothèse, EPA et DHA en inhibant la translocation de LXRα dans le noyau, diminuerait le taux de transcrit de SREBP-1c, empêchant ainsi sa fixation sur le promoteur de la cavéoline-1. L'augmentation de la quantité de cavéoline-1 dans le cytosol et dans les cavéoles par l'EPA et le DHA permettrait ainsi l'évacuation du cholestérol accumulé dans les cellules. En revanche, l'enrichissement des cellules en AA, en bloquant l'expression de la cavéoline-1 via l'expression de SREBP-1c, empêcherait l'élimination du cholestérol. Ce qui pourrait partiellement expliquer dans les CML, l'accumulation de goutellettes lipidiques et leurs transformations en cellules spumeuses. La formation de cellules spumeuses étant un processus clé dans le développement des lésions d'athérosclérose qui conduit à la formation des stries lipidiques [43].

Dans des expériences préliminaires, nous avons évalué le rôle potentiel des AGPI sur l'expression de la protéine LXRα. Dans un premier temps, nous nous sommes attachés à mettre en évidence l'existence d'une variation de l'abondance de cette protéine par des expériences de western blot. Contrairement à l'AA, les AGPI n-3 inhibent la translocation dans le noyau du facteur de transcription LXRα (cf figure ci-dessous).

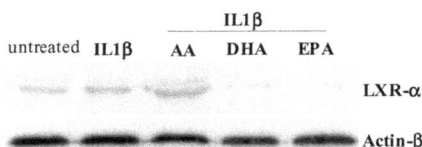

	untreated	IL1β	AA	DHA	EPA	

Effet des AGPI sur l'abondance de LXR-α dans les extraits nucléaires de CML

Afin de confirmer les résultats préliminaires obtenus, il faudrait déterminer la capacité de liaison de LXR-α à un élément-*cis* consensus LXRE du promoteur du gène de SREBP-1. Il faudrait pouvoir ensuite, étudier le taux de transcrit de la SREBP-1c par RT-PCR après traitement avec les AGPI.

Perspectives

Le but poursuivi depuis plusieurs années, dans l'équipe, que j'ai integré consiste à caractériser les mécanismes moléculaires mises en jeu au cours de la réponse inflammatoire induite par l'IL-1β, l'AMPc et plus récemment par les dérivés oxydés du cholestérol (les oxystérols) sur l'expression de la sPLA2 de type IIA dans les CML.

En replaçant les résultats obtenus au cours de ma thèse dans les projets de recherche du laboratoire,

i) il serait interessant d'étudier le rôle de la sPLA2 dans la prolifération des CML notamment via la production de l'AA ou de ses métabolites tel que la **PGE2**, qui pourrait, par des boucles d'amplification autocrine ou paracrine, augmenter la production de la sPLA2.

ii) cette boucle d'amplification pourraient également être relayés par l'intervention des **récepteurs** de la sPLA2 dont les mécanismes d'activation et les voies de transduction sont largement inconnues. A travers les différentes études réalisées, nous nous sommes focalisés sur la sPLA2 de type IIA, or il existe **différents types de sPLA2** dont certaines pourrait être impliquées dans ces phénomènes inflammatoires et prolifératifs des CML.

iii) enfin, dans la dernière partie nous discuterons du rôle de la sPLA2 de type IIA dans l'athérosclérose *via* la modification de certaines lipoprotéines conduisant à une libération de **cholésterol oxydé**.

Régulation de l'expression du gène de la sPLA2 de type IIA en réponse à la prostaglandine E2 (PGE2)

Des taux élevés de PGE2 ont été détectés dans des maladies inflammatoires comme le psoriasis, la maladie de Crohn ou l'athérosclérose. La PGE2, et d'une manière plus générale les prostaglandines, interviendraient également dans des pathologies comme le cancer du côlon ou la maladie d'Alzheimer ; leur rôle exact reste à déterminer [512]. De plus, la PGE2 pourrait amplifier la réponse inflammatoire en activant d'autres marqueurs de l'inflammation, en particulier la sPLA2 de type IIA. En effet, selon notre hypothèse, la PGE2 sécrétée à l'extérieur de la cellule, après interaction avec des récepteurs spécifiques, pourrait augmenter la production d'AMPc et par la même réguler la sPLA2 de type IIA.

Nous avons démontré que l'AA et l'IL1β induisait une forte production de la sPLA2 de manière synergique, et que l'inhibiteur des COX bloquait cette activation. En revanche, l'EPA et le DHA bloquent sa sécrétion. Le même type de régulation a été observé lorsque nous avons étudié la sécrétion de PGE2 induite par les AGPI dans les CML stimulées par l'IL1β. Nous nous sommes alors interessés aux effets de la PGE2 extracellulaire sur l'activité de la sPLA2. La figure ci-dessous montre que l'addition de PGE2 induit l'activité de la sPLA2 (augmentation de 2 fois) par rapport aux cellules non traitées. (résultat non publié).

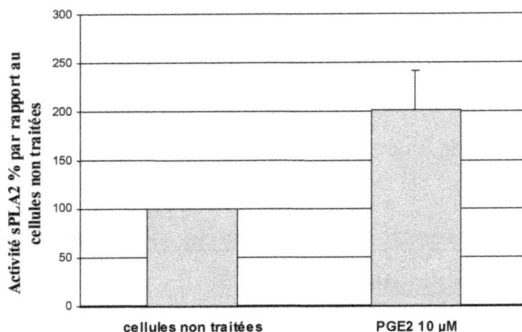

Effet de la PGE2 sur l'activité sPLA2

Ainsi, l'action de l'AA sur l'activation de la sPLA2 de type IIA peut s'excercer via la production de ces métabolites, notamment la PGE2. Par la suite, l'objectif de notre étude serait de disséquer les voies de signalisation conduisant à la production de la sPLA2 induite par la PGE2.

Les prostaglandines agissent *via* différents récepteurs membranaires suivant un mode d'action autocrine/paracrine. En particulier, la prostaglandine E2 (PGE2) peut exercer ces effets par l'intermédiaire de 4 sous-types de récepteurs à 7 domaines transmembranaires, les récepteurs EP (*E type prostaglandin receptor*) [513]. Certains isoformes de ces récepteurs sont connus pour stimuler les protéines G et la voie de l'AMPc/PKA, aboutissant notamment à l'activation des facteurs de transcription C/EBP [514]. Certaines prostaglandines sont d'autre part, connues pour être des ligands des récepteurs nucléaires PPAR [515].

Plusieurs équipes ont montré une implication des agents élévateurs du taux intracellulaire d'AMPc dans l'expression du gène de la sPLA2 de type IIA dans plusieurs types cellulaires, en particulier les cellules musculaires lisses de rat [152, 156, 157, 191, 194]. Cependant les cibles nucléaires n'étaient pas connues. Dans nos conditions expérimentales, nous avons confirmé cette régulation de plus nous avons démontré que l'induction par l'AMPc est dépendante de l'activité PKA en faisant intervenir les facteurs C/EBPβ et -δ. La figure ci-dessous illustre ce résultat obtenu sur la régulation de l'expression du gène de la sPLA2 (encadré jaune) [195].

Afin d'appréhender les mécanismes moléculaires de la régulation de la sPLA2 par la PGE2, il faudrait i) réaliser une étude cinétique et de dose-réponse de la PGE2 sur la concentration en AMPc intracellulaire, ii) déterminer quels types de récepteur à la PGE2 sont exprimés dans les CML d'aorte de rat (4 sous-type de récepteurs : EP1, EP2, EP3, EP4 pouvant être détéctés soit par PCR semi-quantitative ou par western blot), iii) déterminer par des expériences de retardement sur gel, l'implication éventuelle des facteurs C/EBP et PPAR dont leur élément de réponse a été caractérisé dans le promoteur de la sPLA2. La caractérisation de ces mécanismes moléculaires devrait permettre, à long terme, de synthétiser des molécules pharmacologiques dirigées contre ces facteurs spécifiquement impliquées dans la réponse inflammatoire.

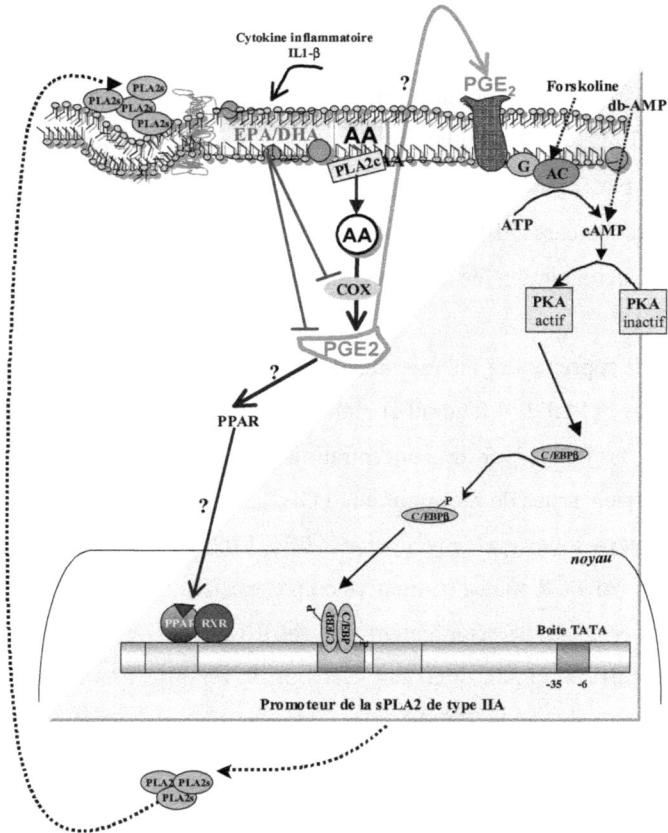

Mode d'action de PGE2 sur l'activation du promoteur de la sPLA2.
Encadré jaune, résultats antérieurs de l'équipe [73, 195]

sPLA2 et prolifération : implication du récepteur et autres types de sPLA2

Il est établi que les produits d'action des PLA2, en particulier l'AA ou ses dérivés d'oxydation, participent aux voies de signalisation qui contribuent au déclenchement de la prolifération cellulaire [516]. Dans notre modèle expérimental, la prolifération des CML est induite par l'incorporation d'AA, qui de plus est capable d'induire l'expression de la sPLA2. D'autre part, la sPLA2 est capable d'induire la prolifération directement (grâce à son action enzymatique) ou indirectemment via sa fixation sur un récepteur [517]. Hernandez *et coll.* ont récemment démontré que certains effets athérogéniques de la sPLA2 seraient exercés via son récepteur membranaire de type M [176]. Au laboratoire, l'utilisation du p-Aminophenyl-alpha-D-mannopyranoside, un ligand du récepteur de type M [518], provoque la prolifération des CML (résultat non publié). Pour utiliser un ligand plus physiologique et donc purifier la sPLA2 de type IIA, notre équipe a alors construit un vecteur d'expression contenant le cDNA de la sPLA2 humaine en amont d'une polyhistidine et de l'épitope V5. Pour étudier uniquement l'effet de la fixation de la sPLA2 sur son récepteur, une construction de sPLA2 sans activité enzymatique a également été produite par mutation de son site catalytique. Ce travail nous renseignera sur l'implication des récepteurs membranaires de la sPLA2 de type IIA dans la prolifération des CML et permettra d'étudier d'éventuelles boucles d'amplification de la sPLA2.

Pour mettre à profit toutes les connaissances acquises *in vitro* sur la régulation de l'expression de la sPLA2 de type IIA, il serait important d'étudier la sPLA2 dans un contexte de physiologie intégrée *in vivo* dans des modèles animaux transgéniques. Ces expériences nous permettrons de repondre à de nombreuses questions, notamment d'étudier *la regulation de la sPLA2 de type IIA dans différents régimes nutritionnels enrichis en acides gras.* Notre équipe se propose de surexprimer le gène de la sPLA2 humaine en utilisant les séquences régulatrices du promoteur du gène SM22a pour cibler son expression dans les CML [519, 520]. Ces souris transgéniques représenteront des modèles animaux pour étudier l'incidence de régimes alimentaires hyper- ou hypo-lipidiques, riches en acides gras saturés ou insaturés de la série n-3 ou n-6. De plus, des croisements entre ces animaux et d'autres souris transgéniques présentant des dysfonctionement du métabolisme lipidique et cholestérol ou des modèles de souris développant spontanément de l'athérosclerose, nous fournirons des informations sur les mécanismes de cette pathologie et le rôle de la sPLA2.

L'utilisation d'inhibiteurs spécifiques de la sPLA2 de type IIA semble être une stratégie thérapeutique intéressante dans le traitement de l'athérosclérose. Nous avons montré pour la première fois, que l'incorporation des AGPI n-3 inhibait l'expression de ce gène. *Néanmoins, les effets inhibiteurs des AGPI n-3 sont-ils spécifiques de la sPLA2 de type IIA ou sur l'ensemble des sPLA2 ?* Pour répondre à cette question, il serait interressant d'étudier l'expression des différents types de sPLA2 dans notre modèle cellulaire.

Parmi les différents sPLA2 clonés à ce jour, la sPLA2 de type V est celle qui présente de nombreuses caractéristiques communes avec la sPLA2 de type IIA. Non seulement ces 2 types de sPLA2 sont inductibles par les mêmes effecteurs et de récents travaux révèlent que, comme pour la sPLA2 de type IIA, l'expression de la sPLA2 de type V est fortement élevée en association avec des maladies cardiaques ou inflammatoires. Par contre, une localisation différente de ces 2 types de sPLA2 a été démontrée dans des cellules macrophagiques [521], suggérant que la sPLA2 de type V n'est pas sécrétée et serait responsable de la production de l'AA et non la sPLA2 de type IIA [522, 523].

Dans des expériences préliminaires, nous avons réalisé des RT-PCR semi-quantitatives pour détecter spécifiquement la sPLA2 de type V (voir figure ci-dessous). La régulation par les AGPI est de même type que la IIA : on observe une induction de l'expression de la sPLA2 de type V par l'IL1β et une augmentation dans les cellules enrichie en AA. L'incorporation avec l'EPA est sans effet tandis que le DHA inhibe totalement son expression (résultat non publié).

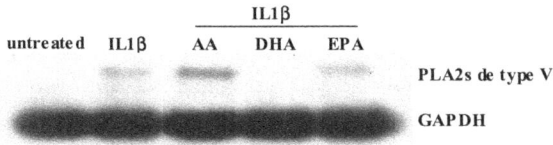

Régulation de la sPLA2 de type V par les AGPI

En conclusion, l'effet des AGPI sur l'expression des gènes des sPLA2 de type IIA et V apparaît similaire et il serait intéressant de voir si le même type de régulation est observé avec les autres isoformes. *Cette propriété des AGPI n-3 pourrait être considérée comme un mécanisme général de défense permettant au CML de se protéger contre l'action délétère des sPLA2.*

sPLA2 de type IIA et oxystérols

Plusieurs données bibliographiques suggèrent une autre fonction de la sPLA2 de type IIA dans le développement de l'athérosclérose liée à sa capacité à modifier les lipoprotéines. En effet, les souris transgéniques surexprimant la sPLA2 de type IIA présentent des lésions athérosclérotiques caractérisées par une élévation du taux de LDL oxydés [145]. De plus, il a été montré que la sPLA2 est capable d'hydrolyser les lipoprotéines [524] et que cette hydrolyse induisait la prolifération de CML humaine [147]. D'autre part, il a été demontré que les LDL oxydés ou oxystérols, sont capables d'induire l'expression de la sPLA2 de type IIA dans les macrophages humains. Cependant les mécanismes moléculaires mis en jeu n'ont pas été déterminés [149]. Selon notre hypothèse, les oxystérols pourraient réguler la sPLA2 de type IIA *via* leur fixation sur un récepteur nucléaire LXR (Liver X Receptor). Un site ayant de fortes homologies de séquence avec la séquence consensus LXRE a été identifié dans la région [-421/-406] du promoteur de la sPLA2. La découverte de ce site, également retrouvé sur le promoteur humain, représente un objectif nouveau pour la compréhension des mécanismes d'action du cholestérol oxydé accumulé dans les foyers inflammatoires et notamment dans les CML. Ces résultats renforcent donc l'hypothèse que *la régulation de l'expression de la sPLA2 est sous le contrôle direct des dérivés du cholestérol* [Antonio, 2003 accepté dans BJ].

Nous avons très peu d'information en ce qui concerne le mode d'action des oxystérols. Et aucun travail n'a jusqu'à présent été entrepris dans le cadre des relations entre AGPI et oxystérols. Ils sembleraient que les oxysterols agissent directement sur la membrane en modifiant la forme des cellules [525, 526], et s'incorporent à la place du cholestérol dans la membrane [527]. En s'incorporant dans les membranes des cellules en division à la place du cholestérol, les oxystérols perturberaient la mosaïque fluide qu'est la membrane. Par ce procéder, les oxystérols inhibent l'efflux du cholestérol, stimulent les molécules impliquées dans la cascade de transduction en inactivant la cavéoline [369, 528]. En revanche, comme on l'a décrit précédemment, les AGPI n-3 exercent un effet inverse *via* la production de cavéolines et probablement en augmentant la quantité de cavéoles.

Les AGPI n-3 pourraient contrecarrer l'effet des oxystérols sur l'expression de la sPLA2 de type IIA ainsi que sur l'efflux du cholestérol. Pour le démontrer, il faudrait enrichir les CML en EPA et DHA puis les induirent par les LDL oxydés afin de pouvoir observer les effets de ces AGPI sur les LDL oxydés. Dans le cas de l'efflux du choléstérol, il faudrait corréler l'augmentation de la cavéoline, des caveoles à la surface cellulaire et l'efflux du cholestérol après enrichissement des CML en AGPI n-3 induit par les LDL oxydés.

L'ensemble des travaux concernant l'étude de la sPLA2 de type IIA offre des possibilités inexploitées, en particulier dans le domaine des pathologies inflammatoires tel que l'athérosclérose, et dans la compréhension du mode d'action bénéfique des AGPI n-3.

Qu'il s'agisse de l'aspect quantitatif (part des lipides dans l'énergie totale des aliments) ou de l'aspect qualitatif (proportion des acides gras saturés, mono-insaturés, polyinsaturés de la famille n-6 ou n-3), on est loin, encore maintenant, d'un consensus pour définir les responsabilités exactes des graisses alimentaires dans la survenue de ces maladies, et donc pour faire des recommandations pour l'alimentation.

Il paraît donc essentiel de progresser dans la compréhension du rôle de ces nutriments dans cette maladie inflammatoire qu'est l'athérosclérose. Ces études sont susceptibles d'apporter des éléments nouveaux pour définir des recommandations nutritionnelles, visant à éviter les facteurs de risque et à encourager la consommation d'aliments reconnus pour leurs effets protecteurs.

RÉFÉRENCES BIBLIOGRAPHIQUES

1. Clark, J.M., Glagov, S. (1985) Transmural organization of the arterial media. The lamellar unit revisited. *Arteriosclerosis* **5**, 19-34.
2. Stary, H.C., Chandler, A.B., Dinsmore, R.E., Fuster, V., Glagov, S., Insull, W., Jr., Rosenfeld, M.E., Schwartz, C.J., Wagner, W.D., Wissler, R.W. (1995) A definition of advanced types of atherosclerotic lesions and a histological classification of atherosclerosis. A report from the Committee on Vascular Lesions of the Council on Arteriosclerosis, American Heart Association. *Arterioscler Thromb Vasc Biol* **15**, 1512-31.
3. Stary, H.C. (1987) Macrophages, macrophage foam cells, and eccentric intimal thickening in the coronary arteries of young children. *Atherosclerosis* **64**, 91-108.
4. Sanders, M. (1994) Molecular and cellular concepts in atherosclerosis. *Pharmacol Ther* **61**, 109-53.
5. Stary, H.C., Blankenhorn, D.H., Chandler, A.B., Glagov, S., Insull, W., Jr., Richardson, M., Rosenfeld, M.E., Schaffer, S.A., Schwartz, C.J., Wagner, W.D., et al. (1992) A definition of the intima of human arteries and of its atherosclerosis- prone regions. A report from the Committee on Vascular Lesions of the Council on Arteriosclerosis, American Heart Association. *Circulation* **85**, 391-405.
6. Nagy, L., Tontonoz, P., Alvarez, J.G., Chen, H., Evans, R.M. (1998) Oxidized LDL regulates macrophage gene expression through ligand activation of PPARgamma. *Cell* **93**, 229-40.
7. Tontonoz, P., Nagy, L., Alvarez, J.G., Thomazy, V.A., Evans, R.M. (1998) PPARgamma promotes monocyte/macrophage differentiation and uptake of oxidized LDL. *Cell* **93**, 241-52.
8. Berliner, J.A., Navab, M., Fogelman, A.M., Frank, J.S., Demer, L.L., Edwards, P.A., Watson, A.D., Lusis, A.J. (1995) Atherosclerosis: basic mechanisms. Oxidation, inflammation, and genetics. *Circulation* **91**, 2488-96.
9. Witztum, J.L. (1994) The oxidation hypothesis of atherosclerosis. *Lancet* **344**, 793-5.
10. Steinberg, D. (1992) Antioxidants in the prevention of human atherosclerosis. Summary of the proceedings of a National Heart, Lung, and Blood Institute Workshop: September 5-6, 1991, Bethesda, Maryland. *Circulation* **85**, 2337-44.
11. Kleinveld, H.A., Demacker, P.N., Stalenhoef, A.F. (1994) Comparative study on the effect of low-dose vitamin E and probucol on the susceptibility of LDL to oxidation and the progression of atherosclerosis in Watanabe heritable hyperlipidemic rabbits. *Arterioscler Thromb* **14**, 1386-91.
12. Tsubamoto, Y., Yamada, N., Watanabe, Y., Inaba, T., Shiomi, M., Shimano, H., Gotoda, T., Harada, K., Shimada, M., Ohsuga, J., et al. (1994) Dextran sulfate, a competitive inhibitor for scavenger receptor, prevents the progression of atherosclerosis in Watanabe heritable hyperlipidemic rabbits. *Atherosclerosis* **106**, 43-50.
13. Katz, S.S., Shipley, G.G., Small, D.M. (1976) Physical chemistry of the lipids of human atherosclerotic lesions. Demonstration of a lesion intermediate between fatty streaks and advanced plaques. *J Clin Invest* **58**, 200-11.
14. Small, D.M. (1988) George Lyman Duff memorial lecture. Progression and regression of atherosclerotic lesions. Insights from lipid physical biochemistry. *Arteriosclerosis* **8**, 103-29.

15. Chamley-Campbell, J., Campbell, G.R., Ross, R. (1979) The smooth muscle cell in culture. *Physiol Rev* **59**, 1-61.

16. Skalli, O., Bloom, W.S., Ropraz, P., Azzarone, B., Gabbiani, G. (1986) Cytoskeletal remodeling of rat aortic smooth muscle cells in vitro: relationships to culture conditions and analogies to in vivo situations. *J Submicrosc Cytol* **18**, 481-93.

17. Thyberg, J., Hedin, U., Sjolund, M., Palmberg, L., Bottger, B.A. (1990) Regulation of differentiated properties and proliferation of arterial smooth muscle cells. *Arteriosclerosis* **10**, 966-90.

18. Mironov, A.A., Rekhter, M.D., Kolpakov, V.A., Andreeva, E.R., Polishchuk, R.S., Bannykh, S.I., Filippov, S.V., Peretjatko, L.P., Kulida, L.V., Orekhov, A.N. (1995) Heterogeneity of smooth muscle cells in embryonic human aorta. *Tissue Cell* **27**, 31-8.

19. Assoian, R.K., Marcantonio, E.E. (1996) The extracellular matrix as a cell cycle control element in atherosclerosis and restenosis. *J Clin Invest* **98**, 2436-9.

20. Ross, R. (1993) The pathogenesis of atherosclerosis: a perspective for the 1990s. *Nature* **362**, 801-9.

21. Shanahan, C.M., Weissberg, P.L. (1998) Smooth muscle cell heterogeneity: patterns of gene expression in vascular smooth muscle cells in vitro and in vivo. *Arterioscler Thromb Vasc Biol* **18**, 333-8.

22. Campbell, J.H., Campbell, G.R., Kocher, O., Gabbiani, G. (1987) Cell biology of smooth muscle in culture: implications for atherogenesis. *Int Angiol* **6**, 73-9.

23. Gabbiani, G., Kocher, O., Bloom, W.S., Vandekerckhove, J., Weber, K. (1984) Actin expression in smooth muscle cells of rat aortic intimal thickening, human atheromatous plaque, and cultured rat aortic media. *J Clin Invest* **73**, 148-52.

24. Sobue, K., Hayashi, K., Nishida, W. (1998) Molecular mechanism of phenotypic modulation of smooth muscle cells. *Horm Res* **50**, 15-24.

25. Obata, H., Hayashi, K., Nishida, W., Momiyama, T., Uchida, A., Ochi, T., Sobue, K. (1997) Smooth muscle cell phenotype-dependent transcriptional regulation of the alpha1 integrin gene. *J Biol Chem* **272**, 26643-51.

26. Yano, H., Hayashi, K., Momiyama, T., Saga, H., Haruna, M., Sobue, K. (1995) Transcriptional regulation of the chicken caldesmon gene. Activation of gizzard-type caldesmon promoter requires a CArG box-like motif. *J Biol Chem* **270**, 23661-6.

27. Bauters, C., Marotte, F., Hamon, M., Oliviero, P., Farhadian, F., Robert, V., Samuel, J.L., Rappaport, L. (1995) Accumulation of fetal fibronectin mRNAs after balloon denudation of rabbit arteries. *Circulation* **92**, 904-11.

28. Wissler, R.W., Vesselinovitch, D., Komatsu, A. (1990) The contribution of studies of atherosclerotic lesions in young people to future research. *Ann N Y Acad Sci* **598**, 418-34.

29. Ross, R., Glomset, J.A. (1973) Atherosclerosis and the arterial smooth muscle cell: Proliferation of smooth muscle is a key event in the genesis of the lesions of atherosclerosis. *Science* **180**, 1332-9.

30. Peiro, C., Redondo, J., Rodriguez-Martinez, M.A., Angulo, J., Marin, J., Sanchez-Ferrer, C.F. (1995) Influence of endothelium on cultured vascular smooth muscle cell proliferation. *Hypertension* **25**, 748-51.

31. Libby, P., Schwartz, D., Brogi, E., Tanaka, H., Clinton, S.K. (1992) A cascade model for restenosis. A special case of atherosclerosis progression. *Circulation* **86**, III47-52.

32.   Young, V.M., Toborek, M., Yang, F., McClain, C.J., Hennig, B. (1998) Effect of linoleic acid on endothelial cell inflammatory mediators. *Metabolism* **47**, 566-72.

33.   Nomoto, A., Mutoh, S., Hagihara, H., Yamaguchi, I. (1988) Smooth muscle cell migration induced by inflammatory cell products and its inhibition by a potent calcium antagonist, nilvadipine. *Atherosclerosis* **72**, 213-9.

34.   Paoletti, R., Corsini, A., Soma, M.R., Bernini, F. (1996) Calcium, calcium antagonists and experimental atherosclerosis. *Blood Press Suppl* **4**, 12-5.

35.   Graf, K., Xi, X.P., Yang, D., Fleck, E., Hsueh, W.A., Law, R.E. (1997) Mitogen-activated protein kinase activation is involved in platelet- derived growth factor-directed migration by vascular smooth muscle cells. *Hypertension* **29**, 334-9.

36.   Xi, X.P., Graf, K., Goetze, S., Fleck, E., Hsueh, W.A., Law, R.E. (1999) Central role of the MAPK pathway in ang II-mediated DNA synthesis and migration in rat vascular smooth muscle cells. *Arterioscler Thromb Vasc Biol* **19**, 73-82.

37.   Lindner, V., Reidy, M.A. (1991) Proliferation of smooth muscle cells after vascular injury is inhibited by an antibody against basic fibroblast growth factor. *Proc Natl Acad Sci U S A* **88**, 3739-43.

38.   Jawien, A., Bowen-Pope, D.F., Lindner, V., Schwartz, S.M., Clowes, A.W. (1992) Platelet-derived growth factor promotes smooth muscle migration and intimal thickening in a rat model of balloon angioplasty. *J Clin Invest* **89**, 507-11.

39.   Ferns, G.A., Raines, E.W., Sprugel, K.H., Motani, A.S., Reidy, M.A., Ross, R. (1991) Inhibition of neointimal smooth muscle accumulation after angioplasty by an antibody to PDGF. *Science* **253**, 1129-32.

40.   Yanagi, H., Sasaguri, Y., Sugama, K., Morimatsu, M., Nagase, H. (1991) Production of tissue collagenase (matrix metalloproteinase 1) by human aortic smooth muscle cells in response to platelet-derived growth factor. *Atherosclerosis* **91**, 207-16.

41.   Hansson, G.K., Jonasson, L., Seifert, P.S., Stemme, S. (1989) Immune mechanisms in atherosclerosis. *Arteriosclerosis* **9**, 567-78.

42.   Wick, G., Schett, G., Amberger, A., Kleindienst, R., Xu, Q. (1995) Is atherosclerosis an immunologically mediated disease? *Immunol Today* **16**, 27-33.

43.   Stary, H.C., Chandler, A.B., Dinsmore, R.E., Fuster, V., Glagov, S., Insull, W., Jr., Rosenfeld, M.E., Schwartz, C.J., Wagner, W.D., Wissler, R.W. (1995) A definition of advanced types of atherosclerotic lesions and a histological classification of atherosclerosis. A report from the Committee on Vascular Lesions of the Council on Arteriosclerosis, American Heart Association. *Circulation* **92**, 1355-74.

44.   Nakao, J., Ooyama, T., Chang, W.C., Murota, S., Orimo, H. (1982) Platelets stimulate aortic smooth muscle cell migration in vitro. Involvement of 12-L-hydroxy-5,8,10,14-eicosatetraenoic acid. *Atherosclerosis* **43**, 143-50.

45.   Nakao, J., Ooyama, T., Ito, H., Chang, W.C., Murota, S. (1982) Comparative effect of lipoxygenase products of arachidonic acid on rat aortic smooth muscle cell migration. *Atherosclerosis* **44**, 339-42.

46.   Chang, W.C., Fukuda, S., Tai, H.H. (1983) Cigarette smoking stimulates lipoxygenase but not cyclooxygenase pathway in platelets. *Biochem Biophys Res Commun* **115**, 499-505.

47.   Tai, H.H., Chang, W.C., Liu, Y., Fukuda, S. (1990) Alterations of arachidonate metabolism in cardiovascular system by cigarette smoking. *Adv Exp Med Biol* **273**, 211-24.

48.   Eynard, A.R., Tremoli, E., Caruso, D., Magni, F., Sirtori, C.R., Galli, G. (1986) Platelet formation of 12-hydroxyeicosatetraenoic acid and thromboxane B2 is increased in type IIA hypercholesterolemic subjects. *Atherosclerosis* **60**, 61-6.

49.   Zhang, W.D., Bai, H.Z., Sawa, Y., Yamakawa, T., Kadoba, K., Taniguchi, K., Masuda, J., Ogata, J., Shirakura, R., Matsuda, H. (1999) Association of smooth muscle cell phenotypic modulation with extracellular matrix alterations during neointima formation in rabbit vein grafts. *J Vasc Surg* **30**, 169-83.

50.   Wight, T.N. (1989) Cell biology of arterial proteoglycans. *Arteriosclerosis* **9**, 1-20.

51.   Stavenow, L. (1984) Injured arterial smooth muscle cells in culture release factors affecting viability and collagen secretion of new cultures. *Med Biol* **62**, 54-8.

52.   Pietila, K., Nikkari, T. (1980) Enhanced synthesis of collagen and total protein by smooth muscle cells from atherosclerotic rabbit aortas in culture. *Atherosclerosis* **37**, 11-9.

53.   Falk, E. (1992) Why do plaques rupture? *Circulation* **86(suppl III):**, 30-42.

54.   Friedman, M. (1971) The coronary thrombus: its origin and fate. *Hum Pathol* **2**, 81-128.

55.   Merrilees, M.J., Campbell, J.H., Spanidis, E., Campbell, G.R. (1990) Glycosaminoglycan synthesis by smooth muscle cells of differing phenotype and their response to endothelial cell conditioned medium. *Atherosclerosis* **81**, 245-54.

56.   Yao, L.Y., Moody, C., Schonherr, E., Wight, T.N., Sandell, L.J. (1994) Identification of the proteoglycan versican in aorta and smooth muscle cells by DNA sequence analysis, in situ hybridization and immunohistochemistry. *Matrix Biol* **14**, 213-25.

57.   Levesque, H., Girard, N., Maingonnat, C., Delpech, A., Chauzy, C., Tayot, J., Courtois, H., Delpech, B. (1994) Localization and solubilization of hyaluronan and of the hyaluronan- binding protein hyaluronectin in human normal and arteriosclerotic arterial walls. *Atherosclerosis* **105**, 51-62.

58.   Nikkari, S.T., Jarvelainen, H.T., Wight, T.N., Ferguson, M., Clowes, A.W. (1994) Smooth muscle cell expression of extracellular matrix genes after arterial injury. *Am J Pathol* **144**, 1348-56.

59.   Riessen, R., Isner, J.M. (1994) Prospects for site-specific delivery of pharmacologic and molecular therapies. *J Am Coll Cardiol* **23**, 1234-44.

60.   Camejo, G., Hurt, E., Thubrikar, M., Bondjers, G. (1991) Modification of low density lipoprotein association with the arterial intima. A possible environment for the antiatherogenic action of beta- blockers. *Circulation* **84**, VII7-22.

61.   Yamamoto, M., Yamamoto, K. (1993) [Regulation of differentiated properties of arterial smooth muscle cells]. *Nippon Rinsho* **51**, 1980-6.

62.   Galis, Z.S., Khatri, J.J. (2002) Matrix metalloproteinases in vascular remodeling and atherogenesis: the good, the bad, and the ugly. *Circ Res* **90**, 251-62.

63.   Lee, R.T., Schoen, F.J., Loree, H.M., Lark, M.W., Libby, P. (1996) Circumferential stress and matrix metalloproteinase 1 in human coronary atherosclerosis. Implications for plaque rupture. *Arterioscler Thromb Vasc Biol* **16**, 1070-3.

64. Nikkari, S.T., O'Brien, K.D., Ferguson, M., Hatsukami, T., Welgus, H.G., Alpers, C.E., Clowes, A.W. (1995) Interstitial collagenase (MMP-1) expression in human carotid atherosclerosis. *Circulation* **92**, 1393-8.

65. Henney, A.M., Wakeley, P.R., Davies, M.J., Foster, K., Hembry, R., Murphy, G., Humphries, S. (1991) Localization of stromelysin gene expression in atherosclerotic plaques by in situ hybridization. *Proc Natl Acad Sci U S A* **88**, 8154-8.

66. Ye, S., Watts, G.F., Mandalia, S., Humphries, S.E., Henney, A.M. (1995) Preliminary report: genetic variation in the human stromelysin promoter is associated with progression of coronary atherosclerosis. *Br Heart J* **73**, 209-15.

67. Halpert, I., Sires, U.I., Roby, J.D., Potter-Perigo, S., Wight, T.N., Shapiro, S.D., Welgus, H.G., Wickline, S.A., Parks, W.C. (1996) Matrilysin is expressed by lipid-laden macrophages at sites of potential rupture in atherosclerotic lesions and localizes to areas of versican deposition, a proteoglycan substrate for the enzyme. *Proc Natl Acad Sci U S A* **93**, 9748-53.

68. Fabunmi, R.P., Sukhova, G.K., Sugiyama, S., Libby, P. (1998) Expression of tissue inhibitor of metalloproteinases-3 in human atheroma and regulation in lesion-associated cells: a potential protective mechanism in plaque stability. *Circ Res* **83**, 270-8.

69. Galis, Z.S., Sukhova, G.K., Lark, M.W., Libby, P. (1994) Increased expression of matrix metalloproteinases and matrix degrading activity in vulnerable regions of human atherosclerotic plaques. *J Clin Invest* **94**, 2493-503.

70. Lee, E., Grodzinsky, A.J., Libby, P., Clinton, S.K., Lark, M.W., Lee, R.T. (1995) Human vascular smooth muscle cell-monocyte interactions and metalloproteinase secretion in culture. *Arterioscler Thromb Vasc Biol* **15**, 2284-9.

71. Ruhul Amin, A.R., Senga, T., Oo, M.L., Thant, A.A., Hamaguchi, M. (2003) Secretion of matrix metalloproteinase-9 by the proinflammatory cytokine, IL-1beta: a role for the dual signalling pathways, Akt and Erk. *Genes Cells* **8**, 515-23.

72. Vadas, P., Browning, J., Edelson, J., Pruzanski, W. (1993) Extracellular phospholipase A2 expression and inflammation: the relationship with associated disease states. *J Lipid Mediat* **8**, 1-30.

73. Couturier, C., Brouillet, A., Couriaud, C., Koumanov, K., Bereziat, G., Andreani, M. (1999) Interleukin 1beta induces type II-secreted phospholipase A(2) gene in vascular smooth muscle cells by a nuclear factor kappaB and peroxisome proliferator-activated receptor-mediated process. *J Biol Chem* **274**, 23085-93.

74. Santiago, F.S., Atkins, D.G., Khachigian, L.M. (1999) Vascular smooth muscle cell proliferation and regrowth after mechanical injury in vitro are Egr-1/NGFI-A-dependent. *Am J Pathol* **155**, 897-905.

75. Patel, M.K., Lymn, J.S., Clunn, G.F., Hughes, A.D. (1997) Thrombospondin-1 is a potent mitogen and chemoattractant for human vascular smooth muscle cells. *Arterioscler Thromb Vasc Biol* **17**, 2107-14.

76. Badimon, L., Alfon, J., Royo, T., Berrozpe, M., Martinez-Gonzalez, J., Vidal, F., Chesebro, J.H., Fuster, V., Badimon, J.J. (1995) Cell biology of restenosis post-angioplasty. *Z Kardiol* **84**, 145-9.

77. van der Geer, P., Hunter, T., Lindberg, R.A. (1994) Receptor protein-tyrosine kinases and their signal transduction pathways. *Annu Rev Cell Biol* **10**, 251-337.

78. Davis, R.J. (1993) The mitogen-activated protein kinase signal transduction pathway. *J Biol Chem* **268**, 14553-6.

79. Bogoyevitch, M.A. (2000) Signalling via stress-activated mitogen-activated protein kinases in the cardiovascular system. *Cardiovasc Res* **45**, 826-42.

80. Vinals, M., Martinez-Gonzalez, J., Badimon, J.J., Badimon, L. (1997) HDL-induced prostacyclin release in smooth muscle cells is dependent on cyclooxygenase-2 (Cox-2). *Arterioscler Thromb Vasc Biol* **17**, 3481-8.

81. Demoliou-Mason, C.D. (1998) G-protein-coupled receptors in vascular smooth muscle cells. *Biol Signals Recept* **7**, 90-7.

82. Clapham, D.E. (1995) Calcium signaling. *Cell* **80**, 259-68.

83. Wickman, K., Clapham, D.E. (1995) Ion channel regulation by G proteins. *Physiol Rev* **75**, 865-85.

84. van den Bosch, H. (1980) Intracellular phospholipases A. *Biochim Biophys Acta* **604**, 191-246.

85. Tischfield, J.A. (1997) A reassessment of the low molecular weight phospholipase A2 gene family in mammals. *J Biol Chem* **272**, 17247-50.

86. Dennis, E.A. (1994) Diversity of group types, regulation, and function of phospholipase A2. *J Biol Chem* **269**, 13057-60.

87. Valentin, E., Singer, A.G., Ghomashchi, F., Lazdunski, M., Gelb, M.H., Lambeau, G. (2000) Cloning and recombinant expression of human group IIF-secreted phospholipase A(2). *Biochem Biophys Res Commun* **279**, 223-8.

88. Six, D.A., Dennis, E.A. (2000) The expanding superfamily of phospholipase A(2) enzymes: classification and characterization. *Biochim Biophys Acta* **1488**, 1-19.

89. Valentin, E., Ghomashchi, F., Gelb, M.H., Lazdunski, M., Lambeau, G. (2000) Novel human secreted phospholipase A(2) with homology to the group III bee venom enzyme. *J Biol Chem* **275**, 7492-6.

90. Cupillard, L., Koumanov, K., Mattei, M.G., Lazdunski, M., Lambeau, G. (1997) Cloning, chromosomal mapping, and expression of a novel human secretory phospholipase A2. *J Biol Chem* **272**, 15745-52.

91. Valentin, E., Ghomashchi, F., Gelb, M.H., Lazdunski, M., Lambeau, G. (1999) On the diversity of secreted phospholipases A(2). Cloning, tissue distribution, and functional expression of two novel mouse group II enzymes. *J Biol Chem* **274**, 31195-202.

92. Hanasaki, K., Ono, T., Saiga, A., Morioka, Y., Ikeda, M., Kawamoto, K., Higashino, K., Nakano, K., Yamada, K., Ishizaki, J., Arita, H. (1999) Purified group X secretory phospholipase A(2) induced prominent release of arachidonic acid from human myeloid leukemia cells. *J Biol Chem* **274**, 34203-11.

93. Morioka, Y., Ikeda, M., Saiga, A., Fujii, N., Ishimoto, Y., Arita, H., Hanasaki, K. (2000) Potential role of group X secretory phospholipase A(2) in cyclooxygenase-2-dependent PGE(2) formation during colon tumorigenesis. *FEBS Lett* **487**, 262-6.

94. Schadow, A., Scholz-Pedretti, K., Lambeau, G., Gelb, M.H., Furstenberger, G., Pfeilschifter, J., Kaszkin, M. (2001) Characterization of group X phospholipase A(2) as the major enzyme secreted by human keratinocytes and its regulation by the phorbol ester TPA. *J Invest Dermatol* **116**, 31-9.

95. Gelb, M.H., Valentin, E., Ghomashchi, F., Lazdunski, M., Lambeau, G. (2000) Cloning and recombinant expression of a structurally novel human secreted phospholipase A2. *J Biol Chem* **275**, 39823-6.

96.   Dennis, E.A. (1997) The growing phospholipase A2 superfamily of signal transduction enzymes. *Trends Biochem Sci* **22**, 1-2.
97.   Clark, J.D., Lin, L.L., Kriz, R.W., Ramesha, C.S., Sultzman, L.A., Lin, A.Y., Milona, N., Knopf, J.L. (1991) A novel arachidonic acid-selective cytosolic PLA2 contains a Ca(2+)- dependent translocation domain with homology to PKC and GAP. *Cell* **65**, 1043-51.
98.   Dessen, A. (2000) Structure and mechanism of human cytosolic phospholipase A(2). *Biochim Biophys Acta* **1488**, 40-7.
99.   Ackermann, E.J., Dennis, E.A. (1995) Mammalian calcium-independent phospholipase A2. *Biochim Biophys Acta* **1259**, 125-36.
100.   Hazen, S.L., Zupan, L.A., Weiss, R.H., Getman, D.P., Gross, R.W. (1991) Suicide inhibition of canine myocardial cytosolic calcium-independent phospholipase A2. Mechanism-based discrimination between calcium-dependent and -independent phospholipases A2. *J Biol Chem* **266**, 7227-32.
101.   Hazen, S.L., Loeb, L.A., Gross, R.W. (1991) Purification and characterization of cytosolic phospholipase A2 activities from canine myocardium and sheep platelets. *Methods Enzymol* **197**, 400-11.
102.   Ackermann, E.J., Kempner, E.S., Dennis, E.A. (1994) Ca(2+)-independent cytosolic phospholipase A2 from macrophage-like P388D1 cells. Isolation and characterization. *J Biol Chem* **269**, 9227-33.
103.   Portilla, D., Dai, G. (1996) Purification of a novel calcium-independent phospholipase A2 from rabbit kidney. *J Biol Chem* **271**, 15451-7.
104.   Tang, J., Kriz, R.W., Wolfman, N., Shaffer, M., Seehra, J., Jones, S.S. (1997) A novel cytosolic calcium-independent phospholipase A2 contains eight ankyrin motifs. *J Biol Chem* **272**, 8567-75.
105.   Balboa, M.A., Balsinde, J., Jones, S.S., Dennis, E.A. (1997) Identity between the Ca2+-independent phospholipase A2 enzymes from P388D1 macrophages and Chinese hamster ovary cells. *J Biol Chem* **272**, 8576-80.
106.   Balsinde, J., Dennis, E.A. (1997) Function of calcium-independent phospholipase A2 in arachidonic acid metabolism in P388D1 macrophages. *Adv Exp Med Biol* **407**, 99-103.
107.   Murakami, M., Nakatani, Y., Atsumi, G., Inoue, K., Kudo, I. (1997) Regulatory functions of phospholipase A2. *Crit Rev Immunol* **17**, 225-83.
108.   Stafforini, D.M., McIntyre, T.M., Zimmerman, G.A., Prescott, S.M. (1997) Platelet-activating factor acetylhydrolases. *J Biol Chem* **272**, 17895-8.
109.   Blencowe, C., Hermetter, A., Kostner, G.M., Deigner, H.P. (1995) Enhanced association of platelet-activating factor acetylhydrolase with lipoprotein (a) in comparison with low density lipoprotein. *J Biol Chem* **270**, 31151-7.
110.   Blank, M.L., Cress, E.A., Whittle, T., Snyder, F. (1981) In vivo metabolism of a new class of biologically active phospholipids: 1-alkyl-2-acetyl-sn-glycero-3-phosphocholine, a platelet activating- hypotensive phospholipid. *Life Sci* **29**, 769-75.
111.   Stafforini, D.M., Prescott, S.M., Zimmerman, G.A., McIntyre, T.M. (1991) Platelet-activating factor acetylhydrolase activity in human tissues and blood cells. *Lipids* **26**, 979-85.
112.   Lee, T.C., Malone, B., Wasserman, S.I., Fitzgerald, V., Snyder, F. (1982) Activities of enzymes that metabolize platelet-activating factor (1- Alkyl-2-acetyl-sn-glycero-3-phosphocholine) in neutrophils and eosinophils from humans and the effect of a calcium ionophore. *Biochem Biophys Res Commun* **105**, 1303-8.

113. Prescott, S.M., McIntyre, T.M., Zimmerman, G.A. (1990) The role of platelet-activating factor in endothelial cells. *Thromb Haemost* **64**, 99-103.

114. Venable, M.E., Zimmerman, G.A., McIntyre, T.M., Prescott, S.M. (1993) Platelet-activating factor: a phospholipid autacoid with diverse actions. *J Lipid Res* **34**, 691-702.

115. Snyder, F. (1995) Platelet-activating factor and its analogs: metabolic pathways and related intracellular processes. *Biochim Biophys Acta* **1254**, 231-49.

116. Balsinde, J., Dennis, E.A. (1996) Distinct roles in signal transduction for each of the phospholipase A2 enzymes present in P388D1 macrophages. *J Biol Chem* **271**, 6758-65.

117. Naraba, H., Murakami, M., Matsumoto, H., Shimbara, S., Ueno, A., Kudo, I., Oh-ishi, S. (1998) Segregated coupling of phospholipases A2, cyclooxygenases, and terminal prostanoid synthases in different phases of prostanoid biosynthesis in rat peritoneal macrophages. *J Immunol* **160**, 2974-82.

118. Clark, J.D., Schievella, A.R., Nalefski, E.A., Lin, L.L. (1995) Cytosolic phospholipase A2. *J Lipid Mediat Cell Signal* **12**, 83-117.

119. Sharp, J.D., White, D.L., Chiou, X.G., Goodson, T., Gamboa, G.C., McClure, D., Burgett, S., Hoskins, J., Skatrud, P.L., Sportsman, J.R., et al. (1991) Molecular cloning and expression of human Ca(2+)-sensitive cytosolic phospholipase A2. *J Biol Chem* **266**, 14850-3.

120. Chap, H.J., Zwaal, R.F., van Deenen, L.L. (1977) Action of highly purified phospholipases on blood platelets. Evidence for an asymmetric distribution of phospholipids in the surface membrane. *Biochim Biophys Acta* **467**, 146-64.

121. Perret, B., Chap, H.J., Douste-Blazy, L. (1979) Asymmetric distribution of arachidonic acid in the plasma membrane of human platelets. A determination using purified phospholipases and a rapid method for membrane isolation. *Biochim Biophys Acta* **556**, 434-46.

122. Leslie, C.C. (1997) Properties and regulation of cytosolic phospholipase A2. *J Biol Chem* **272**, 16709-12.

123. Croxtall, J.D., Choudhury, Q., Newman, S., Flower, R.J. (1996) Lipocortin 1 and the control of cPLA2 activity in A549 cells. Glucocorticoids block EGF stimulation of cPLA2 phosphorylation. *Biochem Pharmacol* **52**, 351-6.

124. Gronich, J., Konieczkowski, M., Gelb, M.H., Nemenoff, R.A., Sedor, J.R. (1994) Interleukin 1 alpha causes rapid activation of cytosolic phospholipase A2 by phosphorylation in rat mesangial cells. *J Clin Invest* **93**, 1224-33.

125. Wu, K., Yuan, J., Lasky, L.A. (1996) Characterization of a novel member of the macrophage mannose receptor type C lectin family. *J Biol Chem* **271**, 21323-30.

126. Lin, L.L., Lin, A.Y., DeWitt, D.L. (1992) Interleukin-1 alpha induces the accumulation of cytosolic phospholipase A2 and the release of prostaglandin E2 in human fibroblasts. *J Biol Chem* **267**, 23451-4.

127. Schwemmer, M., Aho, H., Michel, J.B. (2001) Interleukin-1beta-induced type IIA secreted phospholipase A2 gene expression and extracellular activity in rat vascular endothelial cells. *Tissue Cell* **33**, 233-40.

128. Tay, A., Simon, J.S., Squire, J., Hamel, K., Jacob, H.J., Skorecki, K. (1995) Cytosolic phospholipase A2 gene in human and rat: chromosomal localization and polymorphic markers. *Genomics* **26**, 138-41.

129. Tay, A., Maxwell, P., Li, Z., Goldberg, H., Skorecki, K. (1994) Isolation of promoter for cytosolic phospholipase A2 (cPLA2). *Biochim Biophys Acta* **1217**, 345-7.

130. Mitchell, J.A., Belvisi, M.G., Akarasereenont, P., Robbins, R.A., Kwon, O.J., Croxtall, J., Barnes, P.J., Vane, J.R. (1994) Induction of cyclo-oxygenase-2 by cytokines in human pulmonary epithelial cells: regulation by dexamethasone. *Br J Pharmacol* **113**, 1008-14.

131. Riendeau, D., Guay, J., Weech, P.K., Laliberte, F., Yergey, J., Li, C., Desmarais, S., Perrier, H., Liu, S., Nicoll-Griffith, D., et al. (1994) Arachidonyl trifluoromethyl ketone, a potent inhibitor of 85-kDa phospholipase A2, blocks production of arachidonate and 12- hydroxyeicosatetraenoic acid by calcium ionophore-challenged platelets. *J Biol Chem* **269**, 15619-24.

132. Bartoli, F., Lin, H.K., Ghomashchi, F., Gelb, M.H., Jain, M.K., Apitz-Castro, R. (1994) Tight binding inhibitors of 85-kDa phospholipase A2 but not 14-kDa phospholipase A2 inhibit release of free arachidonate in thrombin- stimulated human platelets. *J Biol Chem* **269**, 15625-30.

133. Glaser, K.B. (1995) Regulation of phospholipase A2 enzymes: selective inhibitors and their pharmacological potential. *Adv Pharmacol* **32**, 31-66.

134. Clark, J.D., Milona, N., Knopf, J.L. (1990) Purification of a 110-kilodalton cytosolic phospholipase A2 from the human monocytic cell line U937. *Proc Natl Acad Sci U S A* **87**, 7708-12.

135. Kramer, R.M., Roberts, E.F., Manetta, J., Putnam, J.E. (1991) The Ca2(+)-sensitive cytosolic phospholipase A2 is a 100-kDa protein in human monoblast U937 cells. *J Biol Chem* **266**, 5268-72.

136. Leslie, C.C., Voelker, D.R., Channon, J.Y., Wall, M.M., Zelarney, P.T. (1988) Properties and purification of an arachidonoyl-hydrolyzing phospholipase A2 from a macrophage cell line, RAW 264.7. *Biochim Biophys Acta* **963**, 476-92.

137. Kudo, I., Murakami, M. (2002) Phospholipase A2 enzymes. *Prostaglandins Other Lipid Mediat* **68-69**, 3-58.

138. Miyashita, A., Crystal, R.G., Hay, J.G. (1995) Identification of a 27 bp 5'-flanking region element responsible for the low level constitutive expression of the human cytosolic phospholipase A2 gene. *Nucleic Acids Res* **23**, 293-301.

139. Capper, E.A., Marshall, L.A. (2001) Mammalian phospholipases A(2): mediators of inflammation, proliferation and apoptosis. *Prog Lipid Res* **40**, 167-97.

140. Menschikowski, M., Lattke, P., Bergmann, S., Jaross, W. (1995) Exposure of macrophages to PLA2-modified lipoproteins leads to cellular lipid accumulations. *Anal Cell Pathol* **9**, 113-21.

141. Elinder, L.S., Dumitrescu, A., Larsson, P., Hedin, U., Frostegard, J., Claesson, H.E. (1997) Expression of phospholipase A2 isoforms in human normal and atherosclerotic arterial wall. *Arterioscler Thromb Vasc Biol* **17**, 2257-63.

142. Hurt-Camejo, E., Camejo, G. (1997) Potential involvement of type II phospholipase A2 in atherosclerosis. *Atherosclerosis* **132**, 1-8.

143. Hurt-Camejo, E., Camejo, G., Peilot, H., Oorni, K., Kovanen, P. (2001) Phospholipase A(2) in vascular disease. *Circ Res* **89**, 298-304.

144. Romano, M., Romano, E., Bjorkerud, S., Hurt-Camejo, E. (1998) Ultrastructural localization of secretory type II phospholipase A2 in atherosclerotic and nonatherosclerotic regions of human arteries. *Arterioscler Thromb Vasc Biol* **18**, 519-25.

145. Ivandic, B., Castellani, L.W., Wang, X.P., Qiao, J.H., Mehrabian, M., Navab, M., Fogelman, A.M., Grass, D.S., Swanson, M.E., de Beer, M.C., de Beer, F., Lusis, A.J. (1999) Role of group II secretory phospholipase A2 in atherosclerosis: 1. Increased atherogenesis and altered lipoproteins in transgenic

mice expressing group IIa phospholipase A2. *Arterioscler Thromb Vasc Biol* **19**, 1284-90.

146. Leitinger, N., Watson, A.D., Hama, S.Y., Ivandic, B., Qiao, J.H., Huber, J., Faull, K.F., Grass, D.S., Navab, M., Fogelman, A.M., de Beer, F.C., Lusis, A.J., Berliner, J.A. (1999) Role of group II secretory phospholipase A2 in atherosclerosis: 2. Potential involvement of biologically active oxidized phospholipids. *Arterioscler Thromb Vasc Biol* **19**, 1291-8.

147. Pruzanski, W., Stefanski, E., Kopilov, J., Kuksis, A. (2001) Mitogenic effect of lipoproteins on human vascular smooth muscle cells: the impact of hydrolysis by gr II A phospholipase A(2). *Lab Invest* **81**, 757-65.

148. Jaross, W., Eckey, R., Menschikowski, M. (2002) Biological effects of secretory phospholipase A(2) group IIA on lipoproteins and in atherogenesis. *Eur J Clin Invest* **32**, 383-93.

149. Anthonsen, M.W., Stengel, D., Hourton, D., Ninio, E., Johansen, B. (2000) Mildly oxidized LDL induces expression of group IIa secretory phospholipase A(2) in human monocyte-derived macrophages. *Arterioscler Thromb Vasc Biol* **20**, 1276-82.

150. Beyaert, R., Fiers, W. (1994) Molecular mechanisms of tumor necrosis factor-induced cytotoxicity. What we do understand and what we do not. *FEBS Lett* **340**, 9-16.

151. Marks, J.D., Marks, C.B., Luce, J.M., Montgomery, A.B., Turner, J., Metz, C.A., Murray, J.F. (1990) Plasma tumor necrosis factor in patients with septic shock. Mortality rate, incidence of adult respiratory distress syndrome, and effects of methylprednisolone administration. *Am Rev Respir Dis* **141**, 94-7.

152. Oka, S., Arita, H. (1991) Inflammatory factors stimulate expression of group II phospholipase A2 in rat cultured astrocytes. Two distinct pathways of the gene expression. *J Biol Chem* **266**, 9956-60.

153. Akiba, S., Hatazawa, R., Ono, K., Kitatani, K., Hayama, M., Sato, T. (2001) Secretory phospholipase A2 mediates cooperative prostaglandin generation by growth factor and cytokine independently of preceding cytosolic phospholipase A2 expression in rat gastric epithelial cells. *J Biol Chem* **276**, 21854-62.

154. Konieczkowski, M., Sedor, J.R. (1993) Cell-specific regulation of type II phospholipase A2 expression in rat mesangial cells. *J Clin Invest* **92**, 2524-32.

155. Jacques, C., Bereziat, G., Humbert, L., Olivier, J.L., Corvol, M.T., Masliah, J., Berenbaum, F. (1997) Posttranscriptional effect of insulin-like growth factor-I on interleukin-1beta-induced type II-secreted phospholipase A2 gene expression in rabbit articular chondrocytes. *J Clin Invest* **99**, 1864-72.

156. Nakano, T., Ohara, O., Teraoka, H., Arita, H. (1990) Group II phospholipase A2 mRNA synthesis is stimulated by two distinct mechanisms in rat vascular smooth muscle cells. *FEBS Lett* **261**, 171-4.

157. Arita, H., Nakano, T., Ohara, O., Teraoka, H. (1991) Activation of group II phospholipase A2 gene via two distinct mechanisms in rat vascular smooth muscle cells. *Adv Prostaglandin Thromboxane Leukot Res* , 277-80.

158. Vervoordeldonk, M.J., Schalkwijk, C.G., Pfeilschifter, J., van den Bosch, H. (1996) Effects of dexamethasone and transforming growth factor-beta 2 on group II phospholipase A2 mRNA and activity levels in interleukin 1 beta- and forskolin-stimulated mesangial cells. *Biochem J* **315**, 435-41.

159. Walker, G., Kunz, D., Pignat, W., Pfeilschifter, J. (1998) Platelet-derived growth factor and fibroblast growth factor differentially regulate interleukin 1beta- and

cAMP-induced group II phospholipase A2 expression in rat renal mesangial cells. *Biochim Biophys Acta* **1391**, 213-22.

160. Pruzanski, W., Stefanski, E., Vadas, P., Ramamurthy, N.S. (1997) Inhibition of extracellular release of proinflammatory secretory phospholipase A2 (sPLA2) by sulfasalazine: a novel mechanism of anti- inflammatory activity. *Biochem Pharmacol* **53**, 1901-7.

161. Vadas, P., Grouix, B., Stefanski, E., Wloch, M., Pruzanski, W., Schroeder, J., Gauldie, J. (1997) Coordinate expression of group II phospholipase A2 and the acute-phase proteins haptoglobin (HP) and alpha1-anti-chymotrypsin (ACH) by HepG2 cells. *Clin Exp Immunol* **108**, 175-80.

162. Vial, D., Arbibe, L., Havet, N., Dumarey, C., Vargaftig, B., Touqui, L. (1998) Down-regulation by prostaglandins of type-II phospholipase A2 expression in guinea-pig alveolar macrophages: a possible involvement of cAMP. *Biochem J* **330**, 89-94.

163. Arbibe, L., Vial, D., Rosinski-Chupin, I., Havet, N., Huerre, M., Vargaftig, B.B., Touqui, L. (1997) Endotoxin induces expression of type II phospholipase A2 in macrophages during acute lung injury in guinea pigs: involvement of TNF-alpha in lipopolysaccharide-induced type II phospholipase A2 synthesis. *J Immunol* **159**, 391-400.

164. Ransac, S., Aarsman, A.J., van den Bosch, H., Gancet, C., de Haas, G.H., Verger, R. (1992) Rat platelet phospholipase A2. Kinetic characterization using the monomolecular film technique. *Eur J Biochem* **204**, 793-7.

165. Pruzanski, W., Vadas, P. (1991) Phospholipase A2--a mediator between proximal and distal effectors of inflammation. *Immunol Today* **12**, 143-6.

166. Pfeilschifter, J., Schalkwijk, C., Briner, V.A., van den Bosch, H. (1993) Cytokine-stimulated secretion of group II phospholipase A2 by rat mesangial cells. Its contribution to arachidonic acid release and prostaglandin synthesis by cultured rat glomerular cells. *J Clin Invest* **92**, 2516-23.

167. Barbour, S.E., Dennis, E.A. (1993) Antisense inhibition of group II phospholipase A2 expression blocks the production of prostaglandin E2 by P388D1 cells. *J Biol Chem* **268**, 21875-82.

168. Miyake, A., Yamamoto, H., Enomori, T., Kawashima, H. (1994) Exogenous group II phospholipase A2 induces prostaglandin E2 production in mouse peritoneal macrophages. *Eur J Pharmacol* **253**, 155-61.

169. Zachowski, A. (1993) Phospholipids in animal eukaryotic membranes: transverse asymmetry and movement. *Biochem J* **294**, 1-14.

170. Fourcade, O., Simon, M.F., Viode, C., Rugani, N., Leballe, F., Ragab, A., Fournie, B., Sarda, L., Chap, H. (1995) Secretory phospholipase A2 generates the novel lipid mediator lysophosphatidic acid in membrane microvesicles shed from activated cells. *Cell* **80**, 919-27.

171. Lambeau, G., Ancian, P., Barhanin, J., Lazdunski, M. (1994) Cloning and expression of a membrane receptor for secretory phospholipases A2. *J Biol Chem* **269**, 1575-8.

172. Cupillard, L., Mulherkar, R., Gomez, N., Kadam, S., Valentin, E., Lazdunski, M., Lambeau, G. (1999) Both group IB and group IIA secreted phospholipases A2 are natural ligands of the mouse 180-kDa M-type receptor. *J Biol Chem* **274**, 7043-51.

173. Taylor, M.E., Conary, J.T., Lennartz, M.R., Stahl, P.D., Drickamer, K. (1990) Primary structure of the mannose receptor contains multiple motifs resembling carbohydrate-recognition domains. *J Biol Chem* **265**, 12156-62.

175

174. Hanasaki, K., Arita, H. (1992) Characterization of a high affinity binding site for pancreatic-type phospholipase A2 in the rat. Its cellular and tissue distribution. *J Biol Chem* **267**, 6414-20.

175. Kundu, G.C., Mukherjee, A.B. (1997) Evidence that porcine pancreatic phospholipase A2 via its high affinity receptor stimulates extracellular matrix invasion by normal and cancer cells. *J Biol Chem* **272**, 2346-53.

176. Hernandez, M., Fuentes, L., Fernandez Aviles, F.J., Crespo, M.S., Nieto, M.L. (2002) Secretory phospholipase A(2) elicits proinflammatory changes and upregulates the surface expression of fas ligand in monocytic cells: potential relevance for atherogenesis. *Circ Res* **90**, 38-45.

177. Hernandez, M., Burillo, S.L., Crespo, M.S., Nieto, M.L. (1998) Secretory phospholipase A2 activates the cascade of mitogen-activated protein kinases and cytosolic phospholipase A2 in the human astrocytoma cell line 1321N1. *J Biol Chem* **273**, 606-12.

178. Hara, S., Kudo, I., Matsuta, K., Miyamoto, T., Inoue, K. (1988) Amino acid composition and NH2-terminal amino acid sequence of human phospholipase A2 purified from rheumatoid synovial fluid. *J Biochem (Tokyo)* **104**, 326-8.

179. Kramer, R.M., Hession, C., Johansen, B., Hayes, G., McGray, P., Chow, E.P., Tizard, R., Pepinsky, R.B. (1989) Structure and properties of a human non-pancreatic phospholipase A2. *J Biol Chem* **264**, 5768-75.

180. Seilhamer, J.J., Pruzanski, W., Vadas, P., Plant, S., Miller, J.A., Kloss, J., Johnson, L.K. (1989) Cloning and recombinant expression of phospholipase A2 present in rheumatoid arthritic synovial fluid. *J Biol Chem* **264**, 5335-8.

181. Crowl, R., Stoner, C., Stoller, T., Pan, Y.C., Conroy, R. (1990) Isolation and characterization of cDNA clones from human placenta coding for phospholipase A2. *Adv Exp Med Biol* **279**, 173-84.

182. Pernas, P., Masliah, J., Olivier, J.L., Salvat, C., Rybkine, T., Bereziat, G. (1991) Type II phospholipase A2 recombinant overexpression enhances stimulated arachidonic acid release. *Biochem Biophys Res Commun* **178**, 1298-305.

183. Ishizaki, J., Hanasaki, K., Higashino, K., Kishino, J., Kikuchi, N., Ohara, O., Arita, H. (1994) Molecular cloning of pancreatic group I phospholipase A2 receptor. *J Biol Chem* **269**, 5897-904.

184. Vial, D., Senorale-Pose, M., Havet, N., Molio, L., Vargaftig, B.B., Touqui, L. (1995) Expression of the type-II phospholipase A2 in alveolar macrophages. Down-regulation by an inflammatory signal. *J Biol Chem* **270**, 17327-32.

185. Van Schaik, R.H., Verhoeven, N.M., Neijs, F.W., Aarsman, A.J., Van den Bosch, H. (1993) Cloning of the cDNA coding for 14 kDa group II phospholipase A2 from rat liver. *Biochim Biophys Acta* **1169**, 1-11.

186. Kusunoki, C., Satoh, S., Kobayashi, M., Niwa, M. (1990) Structure of genomic DNA for rat platelet phospholipase A2. *Biochim Biophys Acta* **1087**, 95-7.

187. Massaad, C., Paradon, M., Jacques, C., Salvat, C., Bereziat, G., Berenbaum, F., Olivier, J.L. (2000) Induction of secreted type IIA phospholipase A2 gene transcription by interleukin-1beta. Role of C/EBP factors. *J Biol Chem* **275**, 22686-94.

188. Paradon, M., Salvat, C., Fan, Q., Bereziat, G., Olivier, J.L. (1998) An SP1-like 5'-GACCACGCC-3' sequence is critical for activity of the inflammatory phospholipase A2 promoter and binds several non-zinc finger proteins. *Eur J Biochem* **258**, 113-22.

189. Olivier, J.L., Fan, Q., Salvat, C., Ziari, M., Kong, L., Mangeney, M., Bereziat, G. (1994) Positive and negative hepatic regulation of the human type II phospholipase A2 gene. *Biochemistry* **33**, 7134-45.

190. Fan, Q., Paradon, M., Salvat, C., Bereziat, G., Olivier, J.L. (1997) C/EBP factor suppression of inhibition of type II secreted phospholipase A2 promoter in HepG2 cells: possible role of single- strand binding proteins. *Mol Cell Biol* **17**, 4238-48.

191. Walker, G., Kunz, D., Pignat, W., van den Bosch, H., Pfeilschifter, J. (1995) Pyrrolidine dithiocarbamate differentially affects cytokine- and cAMP- induced expression of group II phospholipase A2 in rat renal mesangial cells. *FEBS Lett* **364**, 218-22.

192. Walker, G., Kunz, D., Pignat, W., van den Bosch, H., Pfeilschifter, J. (1997) Suppression by cyclosporin A of interleukin 1 beta-induced expression of group II phospholipase A2 in rat renal mesangial cells. *Br J Pharmacol* **121**, 787-93.

193. Kuwata, H., Nakatani, Y., Murakami, M., Kudo, I. (1998) Cytosolic phospholipase A2 is required for cytokine-induced expression of type IIA secretory phospholipase A2 that mediates optimal cyclooxygenase-2-dependent delayed prostaglandin E2 generation in rat 3Y1 fibroblasts. *J Biol Chem* **273**, 1733-40.

194. Pfeilschifter, J., Leighton, J., Pignat, W., Marki, F., Vosbeck, K. (1991) Cyclic AMP mimics, but does not mediate, interleukin-1- and tumour- necrosis-factor-stimulated phospholipase A2 secretion from rat renal mesangial cells. *Biochem J* **273**, 199-204.

195. Couturier, C., Antonio, V., Brouillet, A., Bereziat, G., Raymondjean, M., Andreani, M. (2000) Protein kinase A-dependent stimulation of rat type II secreted phospholipase A(2) gene transcription involves C/EBP-beta and -delta in vascular smooth muscle cells. *Arterioscler Thromb Vasc Biol* **20**, 2559-65.

196. Wilson, H.L., Roesler, W.J. (2002) CCAAT/enhancer binding proteins: do they possess intrinsic cAMP- inducible activity? *Mol Cell Endocrinol* **188**, 15-20.

197. Yang, W., Hong, Y.H., Shen, X.Q., Frankowski, C., Camp, H.S., Leff, T. (2001) Regulation of transcription by AMP-activated protein kinase: phosphorylation of p300 blocks its interaction with nuclear receptors. *J Biol Chem* **276**, 38341-4.

198. Ohara, O., Ishizaki, J., Nakano, T., Arita, H., Teraoka, H. (1990) A simple and sensitive method for determining transcription initiation site: identification of two transcription initiation sites in rat group II phospholipase A2 gene. *Nucleic Acids Res* **18**, 6997-7002.

199. Komada, M., Kudo, I., Inoue, K. (1990) Structure of gene coding for rat group II phospholipase A2. *Biochem Biophys Res Commun* **168**, 1059-65.

200. Scholz-Pedretti, K., Gans, A., Beck, K.F., Pfeilschifter, J., Kaszkin, M. (2002) Potentiation of TNF-alpha-stimulated group IIA phospholipase A(2) expression by peroxisome proliferator-activated receptor alpha activators in rat mesangial cells. *J Am Soc Nephrol* **13**, 611-20.

201. Antonio, V., Brouillet, A., Janvier, B., Monne, C., Bereziat, G., Andreani, M., Raymondjean, M. (2002) Transcriptional regulation of the rat type IIA phospholipase A2 gene by cAMP and interleukin-1beta in vascular smooth muscle cells: interplay of the CCAAT/enhancer binding protein (C/EBP), nuclear factor-kappaB and Ets transcription factors. *Biochem J* **368**, 415-24.

202. Metais (1982) Metabolisme normal et pathologique des acides gras essentiels. *Cah.Nutr.Diet.* **17**, 223-4.

203. Jacotot, b. (1986) lipides alimentaires : Besoins et carences in lipides et santé : Quelles verités ? *Lesieur paris* .

204. Sinclair, H.M. (1984) Essential fatty acids in perspective. *Hum Nutr Clin Nutr* **38**, 245-60.

205. Bornert (1986) **57**, 100.

206. Apelbaum, F., M., M., B. (1977) Acides gras essentiels. *Encycl.Méd.Chir.Paris Nutrition* **10**, 10542F.

207. Bourre (1986) Lipides du cerveau in lipides et santé : quelles vérités ? *Lesieur France* , 92-103.

208. Jacotot (1985) Quels sont les apports alimentaires souhaitables en acides a-linolénique chez l'adulte normal ? *Cah.Nutr.Diet.* **20**, 143-6.

209. Darbon, J., D.L.T. (1986) Diète lipidique et biotechnologies. *Biofutur* **avril**, 19-32.

210. Nordoy, A. (1985) Dietary fatty acids, platelets, endothelial cells and coronary heart disease. *Acta Med Scand Suppl* **701**, 15-22.

211. Hashimoto, M., Hossain, S., Yamasaki, H., Yazawa, K., Masumura, S. (1999) Effects of eicosapentaenoic acid and docosahexaenoic acid on plasma membrane fluidity of aortic endothelial cells. *Lipids* **34**, 1297-304.

212. Stubbs, C.D., Smith, A.D. (1984) The modification of mammalian membrane polyunsaturated fatty acid composition in relation to membrane fluidity and function. *Biochim Biophys Acta* **779**, 89-137.

213. Rombi (1995) De l'acide gras à la membrane in : Acides gras oméga 3 et antioxydants. , 21-39.

214. Sartipy, P., Bondjers, G., Hurt-Camejo, E. (1998) Phospholipase A2 type II binds to extracellular matrix biglycan: modulation of its activity on LDL by colocalization in glycosaminoglycan matrixes. *Arterioscler Thromb Vasc Biol* **18**, 1934-41.

215. Nigam, S., Schewe, T. (2000) Phospholipase A(2)s and lipid peroxidation. *Biochim Biophys Acta* **1488**, 167-81.

216. Takayama, H., Gimbrone, M.A., Jr., Schafer, A.I. (1987) Preferential incorporation of eicosanoid precursor fatty acids into human umbilical vein endothelial cell phospholipids. *Biochim Biophys Acta* **922**, 314-22.

217. Mahadevappa, V.G., Holub, B.J. (1982) The molecular species composition of individual diacyl phospholipids in human platelets. *Biochim Biophys Acta* **713**, 73-9.

218. Holtzman, M.J. (1991) Arachidonic acid metabolism. Implications of biological chemistry for lung function and disease. *Am Rev Respir Dis* **143**, 188-203.

219. Smith, W.L., Garavito, R.M., DeWitt, D.L. (1996) Prostaglandin endoperoxide H synthases (cyclooxygenases)-1 and -2. *J Biol Chem* **271**, 33157-60.

220. Goetzl, E.J., An, S., Smith, W.L. (1995) Specificity of expression and effects of eicosanoid mediators in normal physiology and human diseases. *Faseb J* **9**, 1051-8.

221. Devchand, P.R., Keller, H., Peters, J.M., Vazquez, M., Gonzalez, F.J., Wahli, W. (1996) The PPARalpha-leukotriene B4 pathway to inflammation control. *Nature* **384**, 39-43.

222. Forman, B.M., Tontonoz, P., Chen, J., Brun, R.P., Spiegelman, B.M., Evans, R.M. (1995) 15-Deoxy-delta 12, 14-prostaglandin J2 is a ligand for the adipocyte determination factor PPAR gamma. *Cell* **83**, 803-12.

223. Odani, N., Negishi, M., Takahashi, S., Ichikawa, A. (1996) Induction of protein disulfide isomerase mRNA by delta 12-prostaglandin J2. *Biochem Biophys Res Commun* **220**, 264-8.

224. Otto, J.C., Smith, W.L. (1996) Photolabeling of prostaglandin endoperoxide H synthase-1 with 3- trifluoro-3-(m-[125I]iodophenyl)diazirine as a probe of membrane association and the cyclooxygenase active site. *J Biol Chem* **271**, 9906-10.

225. Sierra-Honigmann, M.R., Bradley, J.R., Pober, J.S. (1996) "Cytosolic" phospholipase A2 is in the nucleus of subconfluent endothelial cells but confined to the cytoplasm of confluent endothelial cells and redistributes to the nuclear envelope and cell junctions upon histamine stimulation. *Lab Invest* **74**, 684-95.

226. Axelrod, J., Burch, R.M., Jelsema, C.L. (1988) Receptor-mediated activation of phospholipase A2 via GTP-binding proteins: arachidonic acid and its metabolites as second messengers. *Trends Neurosci* **11**, 117-23.

227. Simmons, D.L., Botting, R.M., Robertson, P.M., Madsen, M.L., Vane, J.R. (1999) Induction of an acetaminophen-sensitive cyclooxygenase with reduced sensitivity to nonsteroid antiinflammatory drugs. *Proc Natl Acad Sci U S A* **96**, 3275-80.

228. Fletcher, B.S., Kujubu, D.A., Perrin, D.M., Herschman, H.R. (1992) Structure of the mitogen-inducible TIS10 gene and demonstration that the TIS10-encoded protein is a functional prostaglandin G/H synthase. *J Biol Chem* **267**, 4338-44.

229. Smith, W.L. (1992) Prostanoid biosynthesis and mechanisms of action. *Am J Physiol* **263**, F181-91.

230. Walenga, R.W., Kester, M., Coroneos, E., Butcher, S., Dwivedi, R., Statt, C. (1996) Constitutive expression of prostaglandin endoperoxide G/H synthetase (PGHS)-2 but not PGHS-1 in hum an tracheal epithelial cells in vitro. *Prostaglandins* **52**, 341-59.

231. Hla, T., Maciag, T. (1991) Cyclooxygenase gene expression is down-regulated by heparin-binding (acidic fibroblast) growth factor-1 in human endothelial cells. *J Biol Chem* **266**, 24059-63.

232. Samet, J.M., Fasano, M.B., Fonteh, A.N., Chilton, F.H. (1995) Selective induction of prostaglandin G/H synthase I by stem cell factor and dexamethasone in mast cells. *J Biol Chem* **270**, 8044-9.

233. Frolich, J.C. (1997) A classification of NSAIDs according to the relative inhibition of cyclooxygenase isoenzymes. *Trends Pharmacol Sci* **18**, 30-4.

234. Chandrasekharan, N.V., Dai, H., Roos, K.L., Evanson, N.K., Tomsik, J., Elton, T.S., Simmons, D.L. (2002) COX-3, a cyclooxygenase-1 variant inhibited by acetaminophen and other analgesic/antipyretic drugs: cloning, structure, and expression. *Proc Natl Acad Sci U S A* **99**, 13926-31.

235. Thierauch, K.H., Dinter, H., Stock, G. (1993) Prostaglandins and their receptors: I. Pharmacologic receptor description, metabolism and drug use. *J Hypertens* **11**, 1315-8.

236. Thierauch, K.H., Dinter, H., Stock, G. (1994) Prostaglandins and their receptors: II. Receptor structure and signal transduction. *J Hypertens* **12**, 1-5.

237. Cipollone, F., Prontera, C., Pini, B., Marini, M., Fazia, M., De Cesare, D., Iezzi, A., Ucchino, S., Boccoli, G., Saba, V., Chiarelli, F., Cuccurullo, F., Mezzetti, A. (2001) Overexpression of functionally coupled cyclooxygenase-2 and prostaglandin E synthase in symptomatic atherosclerotic plaques as a basis of prostaglandin E(2)-dependent plaque instability. *Circulation* **104**, 921-7.

238. Samuelsson, B., Goldyne, M., Granstrom, E., Hamberg, M., Hammarstrom, S., Malmsten, C. (1978) Prostaglandins and thromboxanes. *Annu Rev Biochem* **47**, 997-1029.
239. Yokomizo, T., Izumi, T., Chang, K., Takuwa, Y., Shimizu, T. (1997) A G-protein-coupled receptor for leukotriene B4 that mediates chemotaxis. *Nature* **387**, 620-4.
240. Baba, A., Sakuma, S., Okamoto, H., Inoue, T., Iwata, H. (1989) Calcium induces membrane translocation of 12-lipoxygenase in rat platelets. *J Biol Chem* **264**, 15790-5.
241. Hansbrough, J.R., Takahashi, Y., Ueda, N., Yamamoto, S., Holtzman, M.J. (1990) Identification of a novel arachidonate 12-lipoxygenase in bovine tracheal epithelial cells distinct from leukocyte and platelet forms of the enzyme. *J Biol Chem* **265**, 1771-6.
242. Yoshimoto, T., Suzuki, H., Yamamoto, S., Takai, T., Yokoyama, C., Tanabe, T. (1990) Cloning and sequence analysis of the cDNA for arachidonate 12-lipoxygenase of porcine leukocytes. *Proc Natl Acad Sci U S A* **87**, 2142-6.
243. Schwartzman, M.L., McGiff, J.C. (1995) Renal cytochrome P450. *J Lipid Mediat Cell Signal* **12**, 229-42.
244. Shimizu, T., Wolfe, L.S. (1990) Arachidonic acid cascade and signal transduction. *J Neurochem* **55**, 1-15.
245. Bereziat (1995) les AGPI w-3 Actualités Innovation-Medecine Cardiologie. **56**, 30-31.
246. Axelrod, J. (1995) Phospholipase A2 and G proteins. *Trends Neurosci* **18**, 64-5.
247. Gaits, F., Salles, J.P., Chap, H. (1997) Dual effect of lysophosphatidic acid on proliferation of glomerular mesangial cells. *Kidney Int* **51**, 1022-7.
248. Valet, P., Pages, C., Jeanneton, O., Daviaud, D., Barbe, P., Record, M., Saulnier-Blache, J.S., Lafontan, M. (1998) Alpha2-adrenergic receptor-mediated release of lysophosphatidic acid by adipocytes. A paracrine signal for preadipocyte growth. *J Clin Invest* **101**, 1431-8.
249. Shuttleworth, T.J. (1996) Arachidonic acid activates the noncapacitative entry of Ca2+ during [Ca2+]i oscillations. *J Biol Chem* **271**, 21720-5.
250. Ramanadham, S., Gross, R., Turk, J. (1992) Arachidonic acid induces an increase in the cytosolic calcium concentration in single pancreatic islet beta cells. *Biochem Biophys Res Commun* **184**, 647-53.
251. Roudbaraki, M.M., Vacher, P., Drouhault, R. (1995) Arachidonic acid increases cytosolic calcium and stimulates hormone release in rat lactotrophs. *Am J Physiol* **268**, E1215-23.
252. Wolf, B.A., Turk, J., Sherman, W.R., McDaniel, M.L. (1986) Intracellular Ca2+ mobilization by arachidonic acid. Comparison with myo-inositol 1,4,5-trisphosphate in isolated pancreatic islets. *J Biol Chem* **261**, 3501-11.
253. Kanayasu-Toyoda, T., Morita, I., Murota, S. (1998) Arachidonic acid pretreatment enhances smooth muscle cell migration via increased Ca2+ influx. *Prostaglandins Leukot Essent Fatty Acids* **58**, 25-31.
254. Hwang, S.C., Jhon, D.Y., Bae, Y.S., Kim, J.H., Rhee, S.G. (1996) Activation of phospholipase C-gamma by the concerted action of tau proteins and arachidonic acid. *J Biol Chem* **271**, 18342-9.
255. Zeitler, P., Handwerger, S. (1985) Arachidonic acid stimulates phosphoinositide hydrolysis and human placental lactogen release in an enriched fraction of placental cells. *Mol Pharmacol* **28**, 549-54.

256. Zeitler, P., Wu, Y.Q., Handwerger, S. (1991) Melittin stimulates phosphoinositide hydrolysis and placental lactogen release: arachidonic acid as a link between phospholipase A2 and phospholipase C signal-transduction pathways. *Life Sci* **48**, 2089-95.

257. Murakami, K., Routtenberg, A. (1985) Direct activation of purified protein kinase C by unsaturated fatty acids (oleate and arachidonate) in the absence of phospholipids and Ca2+. *FEBS Lett* **192**, 189-93.

258. Vacher, P., McKenzie, J., Dufy, B. (1989) Arachidonic acid affects membrane ionic conductances of GH3 pituitary cells. *Am J Physiol* **257**, E203-11.

259. Pollaud-Cherion, C., Vandaele, J., Quartulli, F., Seguelas, M.H., Decerprit, J., Pipy, B. (1998) Involvement of calcium and arachidonate metabolism in acetylated-low- density-lipoprotein-stimulated tumor-necrosis-factor-alpha production by rat peritoneal macrophages. *Eur J Biochem* **253**, 345-53.

260. Soliven, B., Takeda, M., Shandy, T., Nelson, D.J. (1993) Arachidonic acid and its metabolites increase Cai in cultured rat oligodendrocytes. *Am J Physiol* **264**, C632-40.

261. Striggow, F., Ehrlich, B.E. (1997) Regulation of intracellular calcium release channel function by arachidonic acid and leukotriene B4. *Biochem Biophys Res Commun* **237**, 413-8.

262. Nagano, N., Imaizumi, Y., Watanabe, M. (1995) Modulation of calcium channel currents by arachidonic acid in single smooth muscle cells from vas deferens of the guinea-pig. *Br J Pharmacol* **116**, 1887-93.

263. Gubitosi-Klug, R.A., Yu, S.P., Choi, D.W., Gross, R.W. (1995) Concomitant acceleration of the activation and inactivation kinetics of the human delayed rectifier K+ channel (Kv1.1) by Ca(2+)-independent phospholipase A2. *J Biol Chem* **270**, 2885-8.

264. Kim, D., Clapham, D.E. (1989) Potassium channels in cardiac cells activated by arachidonic acid and phospholipids. *Science* **244**, 1174-6.

265. van der Zee, L., Nelemans, A., den Hertog, A. (1995) Arachidonic acid is functioning as a second messenger in activating the Ca2+ entry process on H1-histaminoceptor stimulation in DDT1 MF-2 cells. *Biochem J* **305**, 859-64.

266. Devor, D.C., Frizzell, R.A. (1998) Modulation of K+ channels by arachidonic acid in T84 cells. II. Activation of a Ca(2+)-independent K+ channel. *Am J Physiol* **274**, C149-60.

267. Damron, D.S., Van Wagoner, D.R., Moravec, C.S., Bond, M. (1993) Arachidonic acid and endothelin potentiate Ca2+ transients in rat cardiac myocytes via inhibition of distinct K+ channels. *J Biol Chem* **268**, 27335-44.

268. Damron, D.S., Darvish, A., Murphy, L., Sweet, W., Moravec, C.S., Bond, M. (1995) Arachidonic acid-dependent phosphorylation of troponin I and myosin light chain 2 in cardiac myocytes. *Circ Res* **76**, 1011-9.

269. Mukhopadhyay, S., Ramminger, S.J., McLaughlin, M., Gambling, L., Olver, R.E., Kemp, P.J. (1997) Direct modulation of G-proteins by polyunsaturated fatty acids: a novel eicosanoid-independent regulatory mechanism in the developing lung. *Biochem J* **326**, 725-30.

270. Chanock, S.J., el Benna, J., Smith, R.M., Babior, B.M. (1994) The respiratory burst oxidase. *J Biol Chem* **269**, 24519-22.

271. Bromberg, Y., Pick, E. (1985) Activation of NADPH-dependent superoxide production in a cell-free system by sodium dodecyl sulfate. *J Biol Chem* **260**, 13539-45.

272. Chuang, T.H., Bohl, B.P., Bokoch, G.M. (1993) Biologically active lipids are regulators of Rac.GDI complexation. *J Biol Chem* **268**, 26206-11.

273. Grynberg, A., Fournier, A., Sergiel, J.P., Athias, P. (1996) Membrane docosahexaenoic acid vs. eicosapentaenoic acid and the beating function of the cardiomyocyte and its regulation through the adrenergic receptors. *Lipids* **31 Suppl**, S205-10.

274. Delerive, P., Oudot, F., Ponsard, B., Talpin, S., Sergiel, J.P., Cordelet, C., Athias, P., Grynberg, A. (1999) Hypoxia-reoxygenation and polyunsaturated fatty acids modulate adrenergic functions in cultured cardiomyocytes. *J Mol Cell Cardiol* **31**, 377-86.

275. Ricote, M., Li, A.C., Willson, T.M., Kelly, C.J., Glass, C.K. (1998) The peroxisome proliferator-activated receptor-gamma is a negative regulator of macrophage activation. *Nature* **391**, 79-82.

276. Long, S.D., Pekala, P.H. (1996) Regulation of GLUT4 gene expression by arachidonic acid. Evidence for multiple pathways, one of which requires oxidation to prostaglandin E2. *J Biol Chem* **271**, 1138-44.

277. Tebbey, P.W., McGowan, K.M., Stephens, J.M., Buttke, T.M., Pekala, P.H. (1994) Arachidonic acid down-regulates the insulin-dependent glucose transporter gene (GLUT4) in 3T3-L1 adipocytes by inhibiting transcription and enhancing mRNA turnover. *J Biol Chem* **269**, 639-44.

278. Stuhlmeier, K.M., Kao, J.J., Bach, F.H. (1997) Arachidonic acid influences proinflammatory gene induction by stabilizing the inhibitor-kappaBalpha/nuclear factor-kappaB (NF-kappaB) complex, thus suppressing the nuclear translocation of NF-kappaB. *J Biol Chem* **272**, 24679-83.

279. Gossart, S., Cambon, C., Orfila, C., Seguelas, M.H., Lepert, J.C., Rami, J., Carre, P., Pipy, B. (1996) Reactive oxygen intermediates as regulators of TNF-alpha production in rat lung inflammation induced by silica. *J Immunol* **156**, 1540-8.

280. Barnes, P.J., Adcock, I.M. (1997) NF-kappa B: a pivotal role in asthma and a new target for therapy. *Trends Pharmacol Sci* **18**, 46-50.

281. Stuhlmeier, K.M., Tarn, C., Csizmadia, V., Bach, F.H. (1996) Selective suppression of endothelial cell activation by arachidonic acid. *Eur J Immunol* **26**, 1417-23.

282. Satriano, J., Schlondorff, D. (1994) Activation and attenuation of transcription factor NF-kB in mouse glomerular mesangial cells in response to tumor necrosis factor-alpha, immunoglobulin G, and adenosine 3':5'-cyclic monophosphate. Evidence for involvement of reactive oxygen species. *J Clin Invest* **94**, 1629-36.

283. Cui, X.L., Douglas, J.G. (1997) Arachidonic acid activates c-jun N-terminal kinase through NADPH oxidase in rabbit proximal tubular epithelial cells. *Proc Natl Acad Sci U S A* **94**, 3771-6.

284. Spillman (1986) du colza aus Esquimaux, une affaire de famille, la famille n-3. *Med.Dig.Nutr.* **53**, 9-12.

285. Bang, H.O., Dyerberg, J., Nielsen, A.B. (1971) Plasma lipid and lipoprotein pattern in Greenlandic West-coast Eskimos. *Lancet* **1**, 1143-5.

286. Keys, A. (1984) Serum cholesterol response to dietary cholesterol. *Am J Clin Nutr* **40**, 351-9.

287. Kagawa, Y., Nishizawa, M., Suzuki, M., Miyatake, T., Hamamoto, T., Goto, K., Motonaga, E., Izumikawa, H., Hirata, H., Ebihara, A. (1982) Eicosapolyenoic acids of serum lipids of Japanese islanders with low incidence of cardiovascular diseases. *J Nutr Sci Vitaminol* **28**, 441-53.

288. Fricker (1986) la lutte de l'huile de poisson contre l'athérosclérose. *La recherche* **17**, 1265-6.

289. Kromhout, D., Bosschieter, E.B., de Lezenne Coulander, C. (1985) The inverse relation between fish consumption and 20-year mortality from coronary heart disease. *N Engl J Med* **312**, 1205-9.

290. Albert, C.M., Hennekens, C.H., O'Donnell, C.J., Ajani, U.A., Carey, V.J., Willett, W.C., Ruskin, J.N., Manson, J.E. (1998) Fish consumption and risk of sudden cardiac death. *Jama* **279**, 23-8.

291. Dyerberg, J., Bang, H.O., Hjorne, N. (1975) Fatty acid composition of the plasma lipids in Greenland Eskimos. *Am J Clin Nutr* **28**, 958-66.

292. Dyerberg, J., Bang, H.O., Stoffersen, E., Moncada, S., Vane, J.R. (1978) Eicosapentaenoic acid and prevention of thrombosis and atherosclerosis? *Lancet* **2**, 117-9.

293. Leaf, A. (1990) Cardiovascular effects of fish oils. Beyond the platelet. *Circulation* **82**, 624-8.

294. Horrobin, D.F. (1993) Fatty acid metabolism in health and disease: the role of delta-6- desaturase. *Am J Clin Nutr* **57**, 732S-736S; discussion 736S-737S.

295. Goodnight, S.H. (1993) The effects of n-3 fatty acids on atherosclerosis and the vascular response to injury. *Arch Pathol Lab Med* **117**, 102-6.

296. Israel, D.H., Gorlin, R. (1992) Fish oils in the prevention of atherosclerosis. *J Am Coll Cardiol* **19**, 174-85.

297. Lands, W.E., Libelt, B., Morris, A., Kramer, N.C., Prewitt, T.E., Bowen, P., Schmeisser, D., Davidson, M.H., Burns, J.H. (1992) Maintenance of lower proportions of (n - 6) eicosanoid precursors in phospholipids of human plasma in response to added dietary (n - 3) fatty acids. *Biochim Biophys Acta* **1180**, 147-62.

298. Achard, F., Gilbert, M., Benistant, C., Ben Slama, S., DeWitt, D.L., Smith, W.L., Lagarde, M. (1997) Eicosapentaenoic and docosahexaenoic acids reduce PGH synthase 1 expression in bovine aortic endothelial cells. *Biochem Biophys Res Commun* **241**, 513-8.

299. Bruckner, G., Goswami, S., Kinsella, J.E. (1984) Dietary trilinoelaidate: effects on organ fatty acid composition, prostanoid biosynthesis and platelet function in rats. *J Nutr* **114**, 58-67.

300. Weber, P.C., Leaf, A. (1991) Cardiovascular effects of omega 3 fatty acids. Atherosclerosis risk factor modification by omega 3 fatty acids. *World Rev Nutr Diet* **66**, 218-32.

301. Kinsella, J.E. (1987) Effects of polyunsaturated fatty acids on factors related to cardiovascular disease. *Am J Cardiol* **60**, 23G-32G.

302. Etingin, O.R., Weksler, B.B., Hajjar, D.P. (1986) Cholesterol metabolism is altered by hydrolytic metabolites of prostacyclin in arterial smooth muscle cells. *J Lipid Res* **27**, 530-6.

303. Singer, P., Wirth, M., Berger, I., Voigt, S., Gerike, U., Godicke, W., Koberle, U., Heine, H. (1985) Influence on serum lipids, lipoproteins and blood pressure of mackerel and herring diet in patients with type IV and V hyperlipoproteinemia. *Atherosclerosis* **56**, 111-8.

304. Horrobin, D.F. (1993) Omega-6 and omega-3 essential fatty acids in atherosclerosis. *Semin Thromb Hemost* **19**, 129-37.

305. Huang, Y.S., Nassar, B.A., Horrobin, D.F. (1986) Changes of plasma lipids and long-chain n-3 and n-6 fatty acids in plasma, liver, heart and kidney

183

phospholipids of rats fed variable levels of fish oil with or without cholesterol supplementation. *Biochim Biophys Acta* **879**, 22-7.

306. Davis, H.R., Bridenstine, R.T., Vesselinovitch, D., Wissler, R.W. (1987) Fish oil inhibits development of atherosclerosis in rhesus monkeys. *Arteriosclerosis* **7**, 441-9.

307. Ito, Y., Barcelli, U., Yamashita, W., Weiss, M., Glas-Greenwalt, P., Pollak, V.E. (1988) Fish oil has beneficial effects on lipids and renal disease of nephrotic rats. *Metabolism* **37**, 352-7.

308. Wong, S., Nestel, P.J. (1987) Eicosapentaenoic acid inhibits the secretion of triacylglycerol and of apoprotein B and the binding of LDL in Hep G2 cells. *Atherosclerosis* **64**, 139-46.

309. von Lossonczy, T.O., Ruiter, A., Bronsgeest-Schoute, H.C., van Gent, C.M., Hermus, R.J. (1978) The effect of a fish diet on serum lipids in healthy human subjects. *Am J Clin Nutr* **31**, 1340-6.

310. Harris, W.S., Connor, W.E., McMurry, M.P. (1983) The comparative reductions of the plasma lipids and lipoproteins by dietary polyunsaturated fats: salmon oil versus vegetable oils. *Metabolism* **32**, 179-84.

311. Zucker, M.L., Bilyeu, D.S., Helmkamp, G.M., Harris, W.S., Dujovne, C.A. (1988) Effects of dietary fish oil on platelet function and plasma lipids in hyperlipoproteinemic and normal subjects. *Atherosclerosis* **73**, 13-22.

312. Ntambi, J.M., Bene, H. (2001) Polyunsaturated fatty acid regulation of gene expression. *J Mol Neurosci* **16**, 273-8; discussion 279-84.

313. Clarke, S.D., Thuillier, P., Baillie, R.A., Sha, X. (1999) Peroxisome proliferator-activated receptors: a family of lipid- activated transcription factors. *Am J Clin Nutr* **70**, 566-71.

314. Pineda Torra, I., Gervois, P., Staels, B. (1999) Peroxisome proliferator-activated receptor alpha in metabolic disease, inflammation, atherosclerosis and aging. *Curr Opin Lipidol* **10**, 151-9.

315. Horton, J.D., Bashmakov, Y., Shimomura, I., Shimano, H. (1998) Regulation of sterol regulatory element binding proteins in livers of fasted and refed mice. *Proc Natl Acad Sci U S A* **95**, 5987-92.

316. Clarke, S.D. (2001) Polyunsaturated fatty acid regulation of gene transcription: a molecular mechanism to improve the metabolic syndrome. *J Nutr* **131**, 1129-32.

317. Harris, W.S. (1989) Fish oils and plasma lipid and lipoprotein metabolism in humans: a critical review. *J Lipid Res* **30**, 785-807.

318. Nakatani, T., Kim, H.J., Kaburagi, Y., Yasuda, K., Ezaki, O. (2003) A low fish oil inhibits SREBP-1 proteolytic cascade, while a high-fish- oil feeding decreases SREBP-1 mRNA in mice liver: relationship to anti- obesity. *J Lipid Res* **44**, 369-79.

319. De Craemer, D., Vamecq, J., Roels, F., Vallee, L., Pauwels, M., Van den Branden, C. (1994) Peroxisomes in liver, heart, and kidney of mice fed a commercial fish oil preparation: original data and review on peroxisomal changes induced by high-fat diets. *J Lipid Res* **35**, 1241-50.

320. Staels, B., Dallongeville, J., Auwerx, J., Schoonjans, K., Leitersdorf, E., Fruchart, J.C. (1998) Mechanism of action of fibrates on lipid and lipoprotein metabolism. *Circulation* **98**, 2088-93.

321. Schoonjans, K., Staels, B., Auwerx, J. (1996) Role of the peroxisome proliferator-activated receptor (PPAR) in mediating the effects of fibrates and fatty acids on gene expression. *J Lipid Res* **37**, 907-25.

322. Conroy, D.M., Stubbs, C.D., Belin, J., Pryor, C.L., Smith, A.D. (1986) The effects of dietary (n-3) fatty acid supplementation on lipid dynamics and composition in rat lymphocytes and liver microsomes. *Biochim Biophys Acta* **861**, 457-62.

323. Gudbjarnason, S. (1989) Dynamics of n-3 and n-6 fatty acids in phospholipids of heart muscle. *J Intern Med Suppl* **225**, 117-28.

324. Siscovick, D.S., Raghunathan, T.E., King, I., Weinmann, S., Wicklund, K.G., Albright, J., Bovbjerg, V., Arbogast, P., Smith, H., Kushi, L.H., et al. (1995) Dietary intake and cell membrane levels of long-chain n-3 polyunsaturated fatty acids and the risk of primary cardiac arrest. *Jama* **274**, 1363-7.

325. Shimokawa, H., Vanhoutte, P.M. (1989) Dietary omega 3 fatty acids and endothelium-dependent relaxations in porcine coronary arteries. *Am J Physiol* **256**, H968-73.

326. Cartwright, I.J., Pockley, A.G., Galloway, J.H., Greaves, M., Preston, F.E. (1985) The effects of dietary omega-3 polyunsaturated fatty acids on erythrocyte membrane phospholipids, erythrocyte deformability and blood viscosity in healthy volunteers. *Atherosclerosis* **55**, 267-81.

327. Lee, T.H., Hoover, R.L., Williams, J.D., Sperling, R.I., Ravalese, J., 3rd, Spur, B.W., Robinson, D.R., Corey, E.J., Lewis, R.A., Austen, K.F. (1985) Effect of dietary enrichment with eicosapentaenoic and docosahexaenoic acids on in vitro neutrophil and monocyte leukotriene generation and neutrophil function. *N Engl J Med* **312**, 1217-24.

328. Faggiotto, A., Ross, R. (1984) Studies of hypercholesterolemia in the nonhuman primate. II. Fatty streak conversion to fibrous plaque. *Arteriosclerosis* **4**, 341-56.

329. Ross, R. (1986) The pathogenesis of atherosclerosis--an update. *N Engl J Med* **314**, 488-500.

330. Bishop-Bailey, D. (2000) Peroxisome proliferator-activated receptors in the cardiovascular system. *Br J Pharmacol* **129**, 823-34.

331. Thieringer, R., Fenyk-Melody, J.E., Le Grand, C.B., Shelton, B.A., Detmers, P.A., Somers, E.P., Carbin, L., Moller, D.E., Wright, S.D., Berger, J. (2000) Activation of peroxisome proliferator-activated receptor gamma does not inhibit IL-6 or TNF-alpha responses of macrophages to lipopolysaccharide in vitro or in vivo. *J Immunol* **164**, 1046-54.

332. Rossi, A., Kapahi, P., Natoli, G., Takahashi, T., Chen, Y., Karin, M., Santoro, M.G. (2000) Anti-inflammatory cyclopentenone prostaglandins are direct inhibitors of IkappaB kinase. *Nature* **403**, 103-8.

333. Forman, B.M., Chen, J., Evans, R.M. (1997) Hypolipidemic drugs, polyunsaturated fatty acids, and eicosanoids are ligands for peroxisome proliferator-activated receptors alpha and delta. *Proc Natl Acad Sci U S A* **94**, 4312-7.

334. Kallen, C.B., Lazar, M.A. (1996) Antidiabetic thiazolidinediones inhibit leptin (ob) gene expression in 3T3-L1 adipocytes. *Proc Natl Acad Sci U S A* **93**, 5793-6.

335. Weber, C., Erl, W., Pietsch, A., Danesch, U., Weber, P.C. (1995) Docosahexaenoic acid selectively attenuates induction of vascular cell adhesion molecule-1 and subsequent monocytic cell adhesion to human endothelial cells stimulated by tumor necrosis factor-alpha. *Arterioscler Thromb Vasc Biol* **15**, 622-8.

336. Bousserouel, S., Brouillet, A., Bereziat, G., Raymondjean, M., Andreani, M. (2003) Different effects of n-6 and n-3 polyunsaturated fatty acids on the

activation of rat smooth muscle cells by interleukin-1{beta}. *J Lipid Res* **44**, 601-611.

337. Camandola, S., Leonarduzzi, G., Musso, T., Varesio, L., Carini, R., Scavazza, A., Chiarpotto, E., Baeuerle, P.A., Poli, G. (1996) Nuclear factor kB is activated by arachidonic acid but not by eicosapentaenoic acid. *Biochem Biophys Res Commun* **229**, 643-7.

338. Sethi, S., Ziouzenkova, O., Ni, H., Wagner, D.D., Plutzky, J., Mayadas, T.N. (2002) Oxidized omega-3 fatty acids in fish oil inhibit leukocyte-endothelial interactions through activation of PPAR alpha. *Blood* **100**, 1340-6.

339. Pakala, R., Sheng, W.L., Benedict, C.R. (2000) Vascular smooth muscle cells preloaded with eicosapentaenoic acid and docosahexaenoic acid fail to respond to serotonin stimulation. *Atherosclerosis* **153**, 47-57.

340. Terano, T., Shiina, T., Tamura, Y. (1996) Eicosapentaenoic acid suppressed the proliferation of vascular smooth muscle cells through modulation of various steps of growth signals. *Lipids* **31 Suppl**, S301-4.

341. Kohlmeier, L., Mendez, M. (1997) Controversies surrounding diet and breast cancer. *Proc Nutr Soc* **56**, 369-82.

342. Hursting, S.D., Thornquist, M., Henderson, M.M. (1990) Types of dietary fat and the incidence of cancer at five sites. *Prev Med* **19**, 242-53.

343. Kamano, K., Okuyama, H., Konishi, R., Nagasawa, H. (1989) Effects of a high-linoleate and a high-alpha-linolenate diet on spontaneous mammary tumourigenesis in mice. *Anticancer Res* **9**, 1903-8.

344. Fay, M.P., Freedman, L.S., Clifford, C.K., Midthune, D.N. (1997) Effect of different types and amounts of fat on the development of mammary tumors in rodents: a review. *Cancer Res* **57**, 3979-88.

345. Cave, W.T., Jr. (1996) Dietary omega-3 polyunsaturated fats and breast cancer. *Nutrition* **12**, S39-42.

346. Rose, D.P., Connolly, J.M. (1993) Effects of dietary omega-3 fatty acids on human breast cancer growth and metastases in nude mice. *J Natl Cancer Inst* **85**, 1743-7.

347. Karmali, R.A. (1987) Eicosanoids in breast cancer. *Eur J Cancer Clin Oncol* **23**, 5-7.

348. Chen, Z.Y., Istfan, N.W. (2001) Docosahexaenoic acid, a major constituent of fish oil diets, prevents activation of cyclin-dependent kinases and S-phase entry by serum stimulation in HT-29 cells. *Prostaglandins Leukot Essent Fatty Acids* **64**, 67-73.

349. Treen, M., Uauy, R.D., Jameson, D.M., Thomas, V.L., Hoffman, D.R. (1992) Effect of docosahexaenoic acid on membrane fluidity and function in intact cultured Y-79 retinoblastoma cells. *Arch Biochem Biophys* **294**, 564-70.

350. Cave, A.C., Adrian, S., Apstein, C.S., Silverman, H.S. (1996) A model of anoxic preconditioning in the isolated rat cardiac myocyte. Importance of adenosine and insulin. *Basic Res Cardiol* **91**, 210-8.

351. Karmali, R.A. (1996) Historical perspective and potential use of n-3 fatty acids in therapy of cancer cachexia. *Nutrition* **12**, S2-4.

352. Uehara, Y., Ishimitsu, T., Kimura, K., Ishii, M., Ikeda, T., Sugimoto, T. (1988) Regulatory effects of eicosanoids on thymidine uptake by vascular smooth muscle cells of rats. *Prostaglandins* **36**, 847-57.

353. Orlicky, D.J., Lieberman, R., Gerschenson, L.E. (1986) Prostaglandin F2 alpha and E1 regulation of proliferation in primary cultures of rabbit endometrial cells. *J Cell Physiol* **127**, 55-60.

354. Pasricha, P.J., Hassoun, P.M., Teufel, E., Landman, M.J., Fanburg, B.L. (1992) Prostaglandins E1 and E2 stimulate the proliferation of pulmonary artery smooth muscle cells. *Prostaglandins* **43**, 5-19.

355. Baud, L., Sraer, J., Delarue, F., Bens, M., Balavoine, F., Schlondorff, D., Ardaillou, R., Sraer, J.D. (1985) Lipoxygenase products mediate the attachment of rat macrophages to glomeruli in vitro. *Kidney Int* **27**, 855-63.

356. Sellmayer, A., Danesch, U., Weber, P.C. (1996) Effects of different polyunsaturated fatty acids on growth-related early gene expression and cell growth. *Lipids* **31 Suppl**, S37-40.

357. Noguchi, M., Earashi, M., Minami, M., Kinoshita, K., Miyazaki, I. (1995) Effects of eicosapentaenoic and docosahexaenoic acid on cell growth and prostaglandin E and leukotriene B production by a human breast cancer cell line (MDA-MB-231). *Oncology* **52**, 458-64.

358. De Vries, C.E., van Noorden, C.J. (1992) Effects of dietary fatty acid composition on tumor growth and metastasis. *Anticancer Res* **12**, 1513-22.

359. Devi, M.A., Das, N.P. (1994) Antiproliferative effect of polyunsaturated fatty acids and interleukin- 2 on normal and abnormal human lymphocytes. *Experientia* **50**, 489-92.

360. Graber, R., Sumida, C., Nunez, E.A. (1994) Fatty acids and cell signal transduction. *J Lipid Mediat Cell Signal* **9**, 91-116.

361. Khan, W.A., Blobe, G.C., Hannun, Y.A. (1995) Arachidonic acid and free fatty acids as second messengers and the role of protein kinase C. *Cell Signal* **7**, 171-84.

362. Nakao, J., Ito, H., Chang, W.C., Koshihara, Y., Murota, S. (1983) Aortic smooth muscle cell migration caused by platelet-derived growth factor is mediated by lipoxygenase product(s) of arachidonic acid. *Biochem Biophys Res Commun* **112**, 866-71.

363. Clarke, S.D., Jump, D.B. (1996) Polyunsaturated fatty acid regulation of hepatic gene transcription. *J Nutr* **126**, 1105S-9S.

364. Rao, G.N., Alexander, R.W., Runge, M.S. (1995) Linoleic acid and its metabolites, hydroperoxyoctadecadienoic acids, stimulate c-Fos, c-Jun, and c-Myc mRNA expression, mitogen-activated protein kinase activation, and growth in rat aortic smooth muscle cells. *J Clin Invest* **96**, 842-7.

365. Nestel, P.J. (1987) Polyunsaturated fatty acids (n-3, n-6). *Am J Clin Nutr* **45**, 1161-7.

366. Hornstra (1988) the significance of fish and oil enriched food for the prevention and therapy of ischemic cardiovascular disease. In the role of fat in human nutrition II. *Ed.Crawford M.A. Vergroesen A.J. Academic Press London* .

367. Fielding, C.J., Fielding, P.E. (1997) Intracellular cholesterol transport. *J Lipid Res* **38**, 1503-21.

368. Brown, D.A., London, E. (1998) Functions of lipid rafts in biological membranes. *Annu Rev Cell Dev Biol* **14**, 111-36.

369. Brown, A.J., Jessup, W. (1999) Oxysterols and atherosclerosis. *Atherosclerosis* **142**, 1-28.

370. Gelissen, I.C., Brown, A.J., Mander, E.L., Kritharides, L., Dean, R.T., Jessup, W. (1996) Sterol efflux is impaired from macrophage foam cells selectively enriched with 7-ketocholesterol. *J Biol Chem* **271**, 17852-60.

371. Lund, E., Starck, L., Venizelos, N. (1996) Detection of defective 3 beta-hydroxysterol delta 7-reductase activity in cultured human fibroblasts: a method

for the diagnosis of Smith- Lemli-Opitz syndrome. *J Inherit Metab Dis* **19**, 59-64.

372. Schroepfer, G.J., Jr. (2000) Oxysterols: modulators of cholesterol metabolism and other processes. *Physiol Rev* **80**, 361-554.

373. van de Bovenkamp, P., Kosmeijer-Schuil, T.G., Katan, M.B. (1988) Quantification of oxysterols in Dutch foods: egg products and mixed diets. *Lipids* **23**, 1079-85.

374. Przygonski, K., Jelen, H., Wasowicz, E. (2000) Determination of cholesterol oxidation products in milk powder and infant formulas by gas chromatography and mass spectrometry. *Nahrung* **44**, 122-5.

375. Bascoul, J., Domergue, N., Olle, M., Crastes de Paulet, A. (1986) Autoxidation of cholesterol in tallows heated under deep frying conditions: evaluation of oxysterols by GLC and TLC-FID. *Lipids* **21**, 383-7.

376. Lizard, G., Monier, S., Cordelet, C., Gesquiere, L., Deckert, V., Gueldry, S., Lagrost, L., Gambert, P. (1999) Characterization and comparison of the mode of cell death, apoptosis versus necrosis, induced by 7beta-hydroxycholesterol and 7- ketocholesterol in the cells of the vascular wall. *Arterioscler Thromb Vasc Biol* **19**, 1190-200.

377. Zhou, Q., Wasowicz, E., Handler, B., Fleischer, L., Kummerow, F.A. (2000) An excess concentration of oxysterols in the plasma is cytotoxic to cultured endothelial cells. *Atherosclerosis* **149**, 191-7.

378. Mougenot, N., Lesnik, P., Ramirez-Gil, J.F., Nataf, P., Diczfalusy, U., Chapman, M.J., Lechat, P. (1997) Effect of the oxidation state of LDL on the modulation of arterial vasomotor response in vitro. *Atherosclerosis* **133**, 183-92.

379. Deckert, V., Persegol, L., Viens, L., Lizard, G., Athias, A., Lallemant, C., Gambert, P., Lagrost, L. (1997) Inhibitors of arterial relaxation among components of human oxidized low-density lipoproteins. Cholesterol derivatives oxidized in position 7 are potent inhibitors of endothelium-dependent relaxation. *Circulation* **95**, 723-31.

380. Kandutsch, A.A., Chen, H.W. (1978) Inhibition of cholesterol synthesis by oxygenated sterols. *Lipids* **13**, 704-7.

381. Peng, S.K., Zhang, X., Chai, N.N., Wan, Y., Morin, R.J. (1996) Inhibitory effect of cholesterol oxides on low density lipoprotein receptor gene expression. *Artery* **22**, 61-79.

382. Kilsdonk, E.P., Morel, D.W., Johnson, W.J., Rothblat, G.H. (1995) Inhibition of cellular cholesterol efflux by 25-hydroxycholesterol. *J Lipid Res* **36**, 505-16.

383. Peet, D.J., Turley, S.D., Ma, W., Janowski, B.A., Lobaccaro, J.M., Hammer, R.E., Mangelsdorf, D.J. (1998) Cholesterol and bile acid metabolism are impaired in mice lacking the nuclear oxysterol receptor LXR alpha. *Cell* **93**, 693-704.

384. Luo, Y., Tall, A.R. (2000) Sterol upregulation of human CETP expression in vitro and in transgenic mice by an LXR element. *J Clin Invest* **105**, 513-20.

385. Repa, J.J., Liang, G., Ou, J., Bashmakov, Y., Lobaccaro, J.M., Shimomura, I., Shan, B., Brown, M.S., Goldstein, J.L., Mangelsdorf, D.J. (2000) Regulation of mouse sterol regulatory element-binding protein-1c gene (SREBP-1c) by oxysterol receptors, LXRalpha and LXRbeta. *Genes Dev* **14**, 2819-30.

386. Schultz, J.R., Tu, H., Luk, A., Repa, J.J., Medina, J.C., Li, L., Schwendner, S., Wang, S., Thoolen, M., Mangelsdorf, D.J., Lustig, K.D., Shan, B. (2000) Role of LXRs in control of lipogenesis. *Genes Dev* **14**, 2831-8.

387. Ares, M.P., Porn-Ares, M.I., Thyberg, J., Juntti-Berggren, L., Berggren, P.O., Diczfalusy, U., Kallin, B., Bjorkhem, I., Orrenius, S., Nilsson, J. (1997) Ca2+ channel blockers verapamil and nifedipine inhibit apoptosis induced by 25-hydroxycholesterol in human aortic smooth muscle cells. *J Lipid Res* **38**, 2049-61.

388. Lizard, G., Moisant, M., Cordelet, C., Monier, S., Gambert, P., Lagrost, L. (1997) Induction of similar features of apoptosis in human and bovine vascular endothelial cells treated by 7-ketocholesterol. *J Pathol* **183**, 330-8.

389. Morin, R.J., Peng, S.K. (1989) Effects of cholesterol oxidation derivatives on cholesterol esterifying and cholesteryl ester hydrolytic enzyme activity of cultured rabbit aortic smooth muscle cells. *Lipids* **24**, 217-20.

390. Verhagen, J.C., ter Braake, P., Teunissen, J., van Ginkel, G., Sevanian, A. (1996) Physical effects of biologically formed cholesterol oxidation products on lipid membranes investigated with fluorescence depolarization spectroscopy and electron spin resonance. *J Lipid Res* **37**, 1488-502.

391. Peng, S.K., Hill, J.C., Morin, R.J., Taylor, C.B. (1985) Influence of cholesterol oxidation derivatives on membrane bound enzymes in cultured aortic smooth muscle cells. *Proc Soc Exp Biol Med* **180**, 126-32.

392. Zhou, Q., Jimi, S., Smith, T.L., Kummerow, F.A. (1991) The effect of 25-hydroxycholesterol on accumulation of intracellular calcium. *Cell Calcium* **12**, 467-76.

393. Salonen, J.T., Nyyssonen, K., Salonen, R., Porkkala-Sarataho, E., Tuomainen, T.P., Diczfalusy, U., Bjorkhem, I. (1997) Lipoprotein oxidation and progression of carotid atherosclerosis. *Circulation* **95**, 840-5.

394. Zieden, B., Kaminskas, A., Kristenson, M., Kucinskiene, Z., Vessby, B., Olsson, A.G., Diczfalusy, U. (1999) Increased plasma 7 beta-hydroxycholesterol concentrations in a population with a high risk for cardiovascular disease. *Arterioscler Thromb Vasc Biol* **19**, 967-71.

395. Imai, H., Werthessen, N.T., Taylor, C.B., Lee, K.T. (1976) Angiotoxicity and arteriosclerosis due to contaminants of USP-grade cholesterol. *Arch Pathol Lab Med* **100**, 565-72.

396. Jacobson, M.S., Price, M.G., Shamoo, A.E., Heald, F.P. (1985) Atherogenesis in white carneau pigeons. Effects of low-level cholestane- triol feeding. *Atherosclerosis* **57**, 209-17.

397. Mahfouz, M.M., Kawano, H., Kummerow, F.A. (1997) Effect of cholesterol-rich diets with and without added vitamins E and C on the severity of atherosclerosis in rabbits. *Am J Clin Nutr* **66**, 1240-9.

398. Matthias, D., Becker, C.H., Godicke, W., Schmidt, R., Ponsold, K. (1987) Action of cholestane-3 beta,5 alpha,6 beta-triol on rats with particular reference to the aorta. *Atherosclerosis* **63**, 115-24.

399. Carpenter, K.L., Taylor, S.E., Ballantine, J.A., Fussell, B., Halliwell, B., Mitchinson, M.J. (1993) Lipids and oxidised lipids in human atheroma and normal aorta. *Biochim Biophys Acta* **1167**, 121-30.

400. Carpenter, K.L., Taylor, S.E., van der Veen, C., Williamson, B.K., Ballantine, J.A., Mitchinson, M.J. (1995) Lipids and oxidised lipids in human atherosclerotic lesions at different stages of development. *Biochim Biophys Acta* **1256**, 141-50.

401. Brown, A.J., Leong, S.L., Dean, R.T., Jessup, W. (1997) 7-Hydroperoxycholesterol and its products in oxidized low density lipoprotein and human atherosclerotic plaque. *J Lipid Res* **38**, 1730-45.

402. Hulten, L.M., Lindmark, H., Diczfalusy, U., Bjorkhem, I., Ottosson, M., Liu, Y., Bondjers, G., Wiklund, O. (1996) Oxysterols present in atherosclerotic tissue decrease the expression of lipoprotein lipase messenger RNA in human monocyte-derived macrophages. *J Clin Invest* **97**, 461-8.

403. Kurzchalia, T.V., Dupree, P., Parton, R.G., Kellner, R., Virta, H., Lehnert, M., Simons, K. (1992) VIP21, a 21-kD membrane protein is an integral component of trans-Golgi- network-derived transport vesicles. *J Cell Biol* **118**, 1003-14.

404. Glenney, J.R., Jr. (1992) The sequence of human caveolin reveals identity with VIP21, a component of transport vesicles. *FEBS Lett* **314**, 45-8.

405. Smart, E.J., Graf, G.A., McNiven, M.A., Sessa, W.C., Engelman, J.A., Scherer, P.E., Okamoto, T., Lisanti, M.P. (1999) Caveolins, liquid-ordered domains, and signal transduction. *Mol Cell Biol* **19**, 7289-304.

406. Rothberg, K.G., Heuser, J.E., Donzell, W.C., Ying, Y.S., Glenney, J.R., Anderson, R.G. (1992) Caveolin, a protein component of caveolae membrane coats. *Cell* **68**, 673-82.

407. Scherer, P.E., Okamoto, T., Chun, M., Nishimoto, I., Lodish, H.F., Lisanti, M.P. (1996) Identification, sequence, and expression of caveolin-2 defines a caveolin gene family. *Proc Natl Acad Sci U S A* **93**, 131-5.

408. Song, K.S., Scherer, P.E., Tang, Z., Okamoto, T., Li, S., Chafel, M., Chu, C., Kohtz, D.S., Lisanti, M.P. (1996) Expression of caveolin-3 in skeletal, cardiac, and smooth muscle cells. Caveolin-3 is a component of the sarcolemma and co-fractionates with dystrophin and dystrophin-associated glycoproteins. *J Biol Chem* **271**, 15160-5.

409. Tang, Z., Scherer, P.E., Okamoto, T., Song, K., Chu, C., Kohtz, D.S., Nishimoto, I., Lodish, H.F., Lisanti, M.P. (1996) Molecular cloning of caveolin-3, a novel member of the caveolin gene family expressed predominantly in muscle. *J Biol Chem* **271**, 2255-61.

410. Batetta, B., Mulas, M.F., Petruzzo, P., Putzolu, M., Bonatesta, R.R., Sanna, F., Cappai, A., Brotzu, G., Dessi, S. (2001) Opposite pattern of MDR1 and caveolin-1 gene expression in human atherosclerotic lesions and proliferating human smooth muscle cells. *Cell Mol Life Sci* **58**, 1113-20.

411. Ockleford, C.D., Cairns, H., Rowe, A.J., Byrne, S., Scott, J.J., Willingale, R. (2002) The distribution of caveolin-3 immunofluorescence in skeletal muscle fibre membrane defined by dual channel confocal laser scanning microscopy, fast Fourier transform and image modelling. *J Microsc* **206**, 93-105.

412. Fra, A.M., Williamson, E., Simons, K., Parton, R.G. (1995) De novo formation of caveolae in lymphocytes by expression of VIP21- caveolin. *Proc Natl Acad Sci U S A* **92**, 8655-9.

413. Smart, E.J., Ying, Y., Donzell, W.C., Anderson, R.G. (1996) A role for caveolin in transport of cholesterol from endoplasmic reticulum to plasma membrane. *J Biol Chem* **271**, 29427-35.

414. Vogel, U., Sandvig, K., van Deurs, B. (1998) Expression of caveolin-1 and polarized formation of invaginated caveolae in Caco-2 and MDCK II cells. *J Cell Sci* **111**, 825-32.

415. Chang, W.J., Rothberg, K.G., Kamen, B.A., Anderson, R.G. (1992) Lowering the cholesterol content of MA104 cells inhibits receptor- mediated transport of folate. *J Cell Biol* **118**, 63-9.

416. Murata, M., Peranen, J., Schreiner, R., Wieland, F., Kurzchalia, T.V., Simons, K. (1995) VIP21/caveolin is a cholesterol-binding protein. *Proc Natl Acad Sci U S A* **92**, 10339-43.

417. Li, S., Song, K.S., Lisanti, M.P. (1996) Expression and characterization of recombinant caveolin. Purification by polyhistidine tagging and cholesterol-dependent incorporation into defined lipid membranes. *J Biol Chem* **271**, 568-73.

418. Hooper, N.M. (1998) Membrane biology: do glycolipid microdomains really exist? *Curr Biol* **8**, R114-6.

419. Lisanti, M.P., Scherer, P.E., Vidugiriene, J., Tang, Z., Hermanowski-Vosatka, A., Tu, Y.H., Cook, R.F., Sargiacomo, M. (1994) Characterization of caveolin-rich membrane domains isolated from an endothelial-rich source: implications for human disease. *J Cell Biol* **126**, 111-26.

420. Wu, C., Butz, S., Ying, Y., Anderson, R.G. (1997) Tyrosine kinase receptors concentrated in caveolae-like domains from neuronal plasma membrane. *J Biol Chem* **272**, 3554-9.

421. Schnitzer, J.E., McIntosh, D.P., Dvorak, A.M., Liu, J., Oh, P. (1995) Separation of caveolae from associated microdomains of GPI-anchored proteins. *Science* **269**, 1435-9.

422. Stan, R.V., Roberts, W.G., Predescu, D., Ihida, K., Saucan, L., Ghitescu, L., Palade, G.E. (1997) Immunoisolation and partial characterization of endothelial plasmalemmal vesicles (caveolae). *Mol Biol Cell* **8**, 595-605.

423. Smart, E.J., Ying, Y.S., Mineo, C., Anderson, R.G. (1995) A detergent-free method for purifying caveolae membrane from tissue culture cells. *Proc Natl Acad Sci U S A* **92**, 10104-8.

424. Sargiacomo, M., Sudol, M., Tang, Z., Lisanti, M.P. (1993) Signal transducing molecules and glycosyl-phosphatidylinositol-linked proteins form a caveolin-rich insoluble complex in MDCK cells. *J Cell Biol* **122**, 789-807.

425. Chang, W.J., Ying, Y.S., Rothberg, K.G., Hooper, N.M., Turner, A.J., Gambliel, H.A., De Gunzburg, J., Mumby, S.M., Gilman, A.G., Anderson, R.G. (1994) Purification and characterization of smooth muscle cell caveolae. *J Cell Biol* **126**, 127-38.

426. Ide, C., Saito, T. (1980) Electron microscopic histochemistry of ATPase and alkaline phosphatase activities in mouse digital corpuscles. *J Neurocytol* **9**, 207-18.

427. Latker, C.H., Shinowara, N.L., Miller, J.C., Rapoport, S.I. (1987) Differential localization of alkaline phosphatase in barrier tissues of the frog and rat nervous systems: a cytochemical and biochemical study. *J Comp Neurol* **264**, 291-302.

428. Kobayashi, T., Robinson, J.M. (1991) A novel intracellular compartment with unusual secretory properties in human neutrophils. *J Cell Biol* **113**, 743-56.

429. Jemmerson, R., Agre, M. (1987) Monoclonal antibodies to different epitopes on a cell-surface enzyme, human placental alkaline phosphatase, effect different patterns of labeling with protein A-colloidal gold. *J Histochem Cytochem* **35**, 1277-84.

430. Parton, R.G., Joggerst, B., Simons, K. (1994) Regulated internalization of caveolae. *J Cell Biol* **127**, 1199-215.

431. Cerneus, D.P., Ueffing, E., Posthuma, G., Strous, G.J., van der Ende, A. (1993) Detergent insolubility of alkaline phosphatase during biosynthetic transport and endocytosis. Role of cholesterol. *J Biol Chem* **268**, 3150-5.

432. Fujimoto, T. (1996) GPI-anchored proteins, glycosphingolipids, and sphingomyelin are sequestered to caveolae only after crosslinking. *J Histochem Cytochem* **44**, 929-41.

433. Rothberg, K.G., Ying, Y.S., Kamen, B.A., Anderson, R.G. (1990) Cholesterol controls the clustering of the glycophospholipid-anchored membrane receptor for 5-methyltetrahydrofolate. *J Cell Biol* **111**, 2931-8.

434. Ahmed, S.N., Brown, D.A., London, E. (1997) On the origin of sphingolipid/cholesterol-rich detergent-insoluble cell membranes: physiological concentrations of cholesterol and sphingolipid induce formation of a detergent-insoluble, liquid-ordered lipid phase in model membranes. *Biochemistry* **36**, 10944-53.

435. Schroeder, R., London, E., Brown, D. (1994) Interactions between saturated acyl chains confer detergent resistance on lipids and glycosylphosphatidylinositol (GPI)-anchored proteins: GPI- anchored proteins in liposomes and cells show similar behavior. *Proc Natl Acad Sci U S A* **91**, 12130-4.

436. Anderson, R.G. (1998) The caveolae membrane system. *Annu Rev Biochem* **67**, 199-225.

437. Palade (1953) Fine structure of blood capillaris. *J.Appl.Physics* **24**, 1424.

438. Yamada (1955) The fine structure of the gall bladder epithum of the muse. *J.Biophys.Biochem.cytol.* **1**, 445-458.

439. Engelman, J.A., Chu, C., Lin, A., Jo, H., Ikezu, T., Okamoto, T., Kohtz, D.S., Lisanti, M.P. (1998) Caveolin-mediated regulation of signaling along the p42/44 MAP kinase cascade in vivo. A role for the caveolin-scaffolding domain. *FEBS Lett* **428**, 205-11.

440. Galbiati, F., Volonte, D., Engelman, J.A., Watanabe, G., Burk, R., Pestell, R.G., Lisanti, M.P. (1998) Targeted downregulation of caveolin-1 is sufficient to drive cell transformation and hyperactivate the p42/44 MAP kinase cascade. *Embo J* **17**, 6633-48.

441. Hulit, J., Bash, T., Fu, M., Galbiati, F., Albanese, C., Sage, D.R., Schlegel, A., Zhurinsky, J., Shtutman, M., Ben-Ze'ev, A., Lisanti, M.P., Pestell, R.G. (2000) The cyclin D1 gene is transcriptionally repressed by caveolin-1. *J Biol Chem* **275**, 21203-9.

442. Razani, B., Schlegel, A., Liu, J., Lisanti, M.P. (2001) Caveolin-1, a putative tumour suppressor gene. *Biochem Soc Trans* **29**, 494-9.

443. Thyberg, J. (2000) Differences in caveolae dynamics in vascular smooth muscle cells of different phenotypes. *Lab Invest* **80**, 915-29.

444. Koleske, A.J., Baltimore, D., Lisanti, M.P. (1995) Reduction of caveolin and caveolae in oncogenically transformed cells. *Proc Natl Acad Sci U S A* **92**, 1381-5.

445. Glenney, J.R., Jr. (1989) Tyrosine phosphorylation of a 22-kDa protein is correlated with transformation by Rous sarcoma virus. *J Biol Chem* **264**, 20163-6.

446. Engelman, J.A., Wykoff, C.C., Yasuhara, S., Song, K.S., Okamoto, T., Lisanti, M.P. (1997) Recombinant expression of caveolin-1 in oncogenically transformed cells abrogates anchorage-independent growth. *J Biol Chem* **272**, 16374-81.

447. Fielding, C.J., Bist, A., Fielding, P.E. (1997) Caveolin mRNA levels are up-regulated by free cholesterol and down-regulated by oxysterols in fibroblast monolayers. *Proc Natl Acad Sci U S A* **94**, 3753-8.

448. Fielding, C.J., Bist, A., Fielding, P.E. (1999) Intracellular cholesterol transport in synchronized human skin fibroblasts. *Biochemistry* **38**, 2506-13.

449. Sleer, L.S., Brown, A.J., Stanley, K.K. (2001) Interaction of caveolin with 7-ketocholesterol. *Atherosclerosis* **159**, 49-55.

450. Myers, S.J., Stanley, K.K. (1999) Src family kinase activation in glycosphingolipid-rich membrane domains of endothelial cells treated with oxidised low density lipoprotein. *Atherosclerosis* **143**, 389-97.

451. Assim (1993) Dynamique de la réponse immunitaire. *Immunologie générale* **8**, 169-214.

452. Ross, R. (1999) Atherosclerosis--an inflammatory disease. *N Engl J Med* **340**, 115-26.

453. Huwiler, A., Staudt, G., Kramer, R.M., Pfeilschifter, J. (1997) Cross-talk between secretory phospholipase A2 and cytosolic phospholipase A2 in rat renal mesangial cells. *Biochim Biophys Acta* **1348**, 257-72.

454. Anderson, K.M., Roshak, A., Winkler, J.D., McCord, M., Marshall, L.A. (1997) Cytosolic 85-kDa phospholipase A2-mediated release of arachidonic acid is critical for proliferation of vascular smooth muscle cells. *J Biol Chem* **272**, 30504-11.

455. Rao, G.N., Baas, A.S., Glasgow, W.C., Eling, T.E., Runge, M.S., Alexander, R.W. (1994) Activation of mitogen-activated protein kinases by arachidonic acid and its metabolites in vascular smooth muscle cells. *J Biol Chem* **269**, 32586-91.

456. Hawker, G. (1997) Prescribing nonsteroidal antiinflammatory drugs--what's new? *J Rheumatol* **24**, 243-5.

457. Pairet, M., Engelhardt, G. (1996) Distinct isoforms (COX-1 and COX-2) of cyclooxygenase: possible physiological and therapeutic implications. *Fundam Clin Pharmacol* **10**, 1-17.

458. Wallace, J.L., Bak, A., McKnight, W., Asfaha, S., Sharkey, K.A., MacNaughton, W.K. (1998) Cyclooxygenase 1 contributes to inflammatory responses in rats and mice: implications for gastrointestinal toxicity. *Gastroenterology* **115**, 101-9.

459. Staels, B., Koenig, W., Habib, A., Merval, R., Lebret, M., Torra, I.P., Delerive, P., Fadel, A., Chinetti, G., Fruchart, J.C., Najib, J., Maclouf, J., Tedgui, A. (1998) Activation of human aortic smooth-muscle cells is inhibited by PPARalpha but not by PPARgamma activators. *Nature* **393**, 790-3.

460. Iijima, K., Yoshizumi, M., Ako, J., Eto, M., Kim, S., Hashimoto, M., Sugimoto, N., Liang, Y.Q., Sudoh, N., Toba, K., Ouchi, Y. (1998) Expression of peroxisome proliferator-activated receptor gamma (PPARgamma) in rat aortic smooth muscle cells. *Biochem Biophys Res Commun* **247**, 353-6.

461. Delerive, P., De Bosscher, K., Besnard, S., Vanden Berghe, W., Peters, J.M., Gonzalez, F.J., Fruchart, J.C., Tedgui, A., Haegeman, G., Staels, B. (1999) Peroxisome proliferator-activated receptor alpha negatively regulates the vascular inflammatory gene response by negative cross-talk with transcription factors NF-kappaB and AP-1. *J Biol Chem* **274**, 32048-54.

462. Su, C.G., Wen, X., Bailey, S.T., Jiang, W., Rangwala, S.M., Keilbaugh, S.A., Flanigan, A., Murthy, S., Lazar, M.A., Wu, G.D. (1999) A novel therapy for colitis utilizing PPAR-gamma ligands to inhibit the epithelial inflammatory response. *J Clin Invest* **104**, 383-9.

463. Jiang, C., Ting, A.T., Seed, B. (1998) PPAR-gamma agonists inhibit production of monocyte inflammatory cytokines. *Nature* **391**, 82-6.

464. Wakino, S., Kintscher, U., Kim, S., Yin, F., Hsueh, W.A., Law, R.E. (2000) Peroxisome proliferator-activated receptor gamma ligands inhibit retinoblastoma phosphorylation and G1--> S transition in vascular smooth muscle cells. *J Biol Chem* **275**, 22435-41.

465. Yang, L., Cohn, L., Zhang, D.H., Homer, R., Ray, A., Ray, P. (1998) Essential role of nuclear factor kappaB in the induction of eosinophilia in allergic airway inflammation. *J Exp Med* **188**, 1739-50.
466. Ahmad, M., Marui, N., Alexander, R.W., Medford, R.M. (1995) Cell type-specific transactivation of the VCAM-1 promoter through an NF- kappa B enhancer motif. *J Biol Chem* **270**, 8976-83.
467. Cardinaux, J.R., Allaman, I., Magistretti, P.J. (2000) Pro-inflammatory cytokines induce the transcription factors C/EBPbeta and C/EBPdelta in astrocytes. *Glia* **29**, 91-7.
468. Lo, C.J., Chiu, K.C., Fu, M., Lo, R., Helton, S. (1999) Fish oil decreases macrophage tumor necrosis factor gene transcription by altering the NF kappa B activity. *J Surg Res* **82**, 216-21.
469. Kielar, M.L., Jeyarajah, D.R., Penfield, J.G., Lu, C.Y. (2000) Docosahexaenoic acid decreases IRF-1 mRNA and thus inhibits activation of both the IRF-E and NFkappa d response elements of the iNOS promoter. *Transplantation* **69**, 2131-7.
470. Caivano, M., Gorgoni, B., Cohen, P., Poli, V. (2001) The induction of cyclooxygenase-2 mRNA in macrophages is biphasic and requires both CCAAT enhancer-binding protein beta (C/EBP beta) and C/EBP delta transcription factors. *J Biol Chem* **276**, 48693-701.
471. Allport, V.C., Slater, D.M., Newton, R., Bennett, P.R. (2000) NF-kappaB and AP-1 are required for cyclo-oxygenase 2 gene expression in amnion epithelial cell line (WISH). *Mol Hum Reprod* **6**, 561-5.
472. Appleby, S.B., Ristimaki, A., Neilson, K., Narko, K., Hla, T. (1994) Structure of the human cyclo-oxygenase-2 gene. *Biochem J* **302**, 723-7.
473. Shibutani, T., Johnson, T.M., Yu, Z.X., Ferrans, V.J., Moss, J., Epstein, S.E. (1997) Pertussis toxin-sensitive G proteins as mediators of the signal transduction pathways activated by cytomegalovirus infection of smooth muscle cells. *J Clin Invest* **100**, 2054-61.
474. Eberhardt, W., Huwiler, A., Beck, K.F., Walpen, S., Pfeilschifter, J. (2000) Amplification of IL-1 beta-induced matrix metalloproteinase-9 expression by superoxide in rat glomerular mesangial cells is mediated by increased activities of NF-kappa B and activating protein-1 and involves activation of the mitogen-activated protein kinase pathways. *J Immunol* **165**, 5788-97.
475. Fiebich, B.L., Mueksch, B., Boehringer, M., Hull, M. (2000) Interleukin-1beta induces cyclooxygenase-2 and prostaglandin E(2) synthesis in human neuroblastoma cells: involvement of p38 mitogen- activated protein kinase and nuclear factor-kappaB. *J Neurochem* **75**, 2020-8.
476. Cobb, M.H., Goldsmith, E.J. (1995) How MAP kinases are regulated. *J Biol Chem* **270**, 14843-6.
477. Kyriakis, J.M., Avruch, J. (1996) Protein kinase cascades activated by stress and inflammatory cytokines. *Bioessays* **18**, 567-77.
478. Rose, D.P., Connolly, J.M. (1999) Omega-3 fatty acids as cancer chemopreventive agents. *Pharmacol Ther* **83**, 217-44.
479. Magnaghi-Jaulin, L., Groisman, R., Naguibneva, I., Robin, P., Trouche, D., Harel-Bellan, A. (1998) [Histone deacetylase and retinoblastoma protein]. *Bull Cancer* **85**, 606-7.
480. Terano, T., Tanaka, T., Tamura, Y., Kitagawa, M., Higashi, H., Saito, Y., Hirai, A. (1999) Eicosapentaenoic acid and docosahexaenoic acid inhibit vascular

smooth muscle cell proliferation by inhibiting phosphorylation of Cdk2-cyclinE complex. *Biochem Biophys Res Commun* **254**, 502-6.

481. Khachigian, L.M., Lindner, V., Williams, A.J., Collins, T. (1996) Egr-1-induced endothelial gene expression: a common theme in vascular injury. *Science* **271**, 1427-31.

482. Sotgia, F., Lee, J.K., Das, K., Bedford, M., Petrucci, T.C., Macioce, P., Sargiacomo, M., Bricarelli, F.D., Minetti, C., Sudol, M., Lisanti, M.P. (2000) Caveolin-3 directly interacts with the C-terminal tail of beta - dystroglycan. Identification of a central WW-like domain within caveolin family members. *J Biol Chem* **275**, 38048-58.

483. Galbiati, F., Engelman, J.A., Volonte, D., Zhang, X.L., Minetti, C., Li, M., Hou, H., Jr., Kneitz, B., Edelmann, W., Lisanti, M.P. (2001) Caveolin-3 null mice show a loss of caveolae, changes in the microdomain distribution of the dystrophin-glycoprotein complex, and t- tubule abnormalities. *J Biol Chem* **276**, 21425-33.

484. Frank, P.G., Galbiati, F., Volonte, D., Razani, B., Cohen, D.E., Marcel, Y.L., Lisanti, M.P. (2001) Influence of caveolin-1 on cellular cholesterol efflux mediated by high- density lipoproteins. *Am J Physiol Cell Physiol* **280**, C1204-14.

485. Pakala, R., Radcliffe, J.D., Benedict, C.R. (1999) Serotonin-induced endothelial cell proliferation is blocked by omega-3 fatty acids. *Prostaglandins Leukot Essent Fatty Acids* **60**, 115-23.

486. Asano, M., Nakajima, T., Iwasawa, K., Asakura, Y., Morita, T., Nakamura, F., Tomaru, T., Wang, Y., Goto, A., Toyo-oka, T., Soma, M., Suzuki, S., Okuda, Y. (1999) Eicosapentaenoic acid inhibits vasopressin-activated Ca2+ influx and cell proliferation in rat aortic smooth muscle cell lines. *Eur J Pharmacol* **379**, 199-209.

487. Nakayama, M., Fukuda, N., Watanabe, Y., Soma, M., Hu, W.Y., Kishioka, H., Satoh, C., Kubo, A., Kanmatsuse, K. (1999) Low dose of eicosapentaenoic acid inhibits the exaggerated growth of vascular smooth muscle cells from spontaneously hypertensive rats through suppression of transforming growth factor-beta. *J Hypertens* **17**, 1421-30.

488. Wilkinson, M.G., Millar, J.B. (2000) Control of the eukaryotic cell cycle by MAP kinase signaling pathways. *Faseb J* **14**, 2147-57.

489. Yamboliev, I.A., Wiesmann, K.M., Singer, C.A., Hedges, J.C., Gerthoffer, W.T. (2000) Phosphatidylinositol 3-kinases regulate ERK and p38 MAP kinases in canine colonic smooth muscle. *Am J Physiol Cell Physiol* **279**, C352-60.

490. Herber, B., Truss, M., Beato, M., Muller, R. (1994) Inducible regulatory elements in the human cyclin D1 promoter. *Oncogene* **9**, 1295-304.

491. Herber, B., Truss, M., Beato, M., Muller, R. (1994) Inducible regulatory elements in the human cyclin D1 promoter. *Oncogene* **9**, 2105-7.

492. Yan, Y.X., Nakagawa, H., Lee, M.H., Rustgi, A.K. (1997) Transforming growth factor-alpha enhances cyclin D1 transcription through the binding of early growth response protein to a cis- regulatory element in the cyclin D1 promoter. *J Biol Chem* **272**, 33181-90.

493. Nagata, D., Suzuki, E., Nishimatsu, H., Satonaka, H., Goto, A., Omata, M., Hirata, Y. (2001) Transcriptional activation of the cyclin D1 gene is mediated by multiple cis-elements, including SP1 sites and a cAMP-responsive element in vascular endothelial cells. *J Biol Chem* **276**, 662-9.

494. Guillemot, L., Levy, A., Raymondjean, M., Rothhut, B. (2001) Angiotensin II-induced transcriptional activation of the cyclin D1 gene is mediated by Egr-1 in CHO-AT(1A) cells. *J Biol Chem* **276**, 39394-403.

495. Silverman, E.S., Khachigian, L.M., Lindner, V., Williams, A.J., Collins, T. (1997) Inducible PDGF A-chain transcription in smooth muscle cells is mediated by Egr-1 displacement of Sp1 and Sp3. *Am J Physiol* **273**, H1415-26.

496. Gashler, A., Sukhatme, V.P. (1995) Early growth response protein 1 (Egr-1): prototype of a zinc-finger family of transcription factors. *Prog Nucleic Acid Res Mol Biol* **50**, 191-224.

497. Mora-Garcia, P., Sakamoto, K.M. (2000) Granulocyte colony-stimulating factor induces Egr-1 up-regulation through interaction of serum response element-binding proteins. *J Biol Chem* **275**, 22418-26.

498. Webb, Y., Hermida-Matsumoto, L., Resh, M.D. (2000) Inhibition of protein palmitoylation, raft localization, and T cell signaling by 2-bromopalmitate and polyunsaturated fatty acids. *J Biol Chem* **275**, 261-70.

499. Omura, M., Kobayashi, S., Mizukami, Y., Mogami, K., Todoroki-Ikeda, N., Miyake, T., Matsuzaki, M. (2001) Eicosapentaenoic acid (EPA) induces Ca(2+)-independent activation and translocation of endothelial nitric oxide synthase and endothelium- dependent vasorelaxation. *FEBS Lett* **487**, 361-6.

500. Collett, E.D., Davidson, L.A., Fan, Y.Y., Lupton, J.R., Chapkin, R.S. (2001) n-6 and n-3 polyunsaturated fatty acids differentially modulate oncogenic Ras activation in colonocytes. *Am J Physiol Cell Physiol* **280**, C1066-75.

501. Couet, J., Li, S., Okamoto, T., Ikezu, T., Lisanti, M.P. (1997) Identification of peptide and protein ligands for the caveolin- scaffolding domain. Implications for the interaction of caveolin with caveolae-associated proteins. *J Biol Chem* **272**, 6525-33.

502. Cohen, A.W., Park, D.S., Woodman, S.E., Williams, T.M., Chandra, M., Shirani, J., Pereira de Souza, A., Kitsis, R.N., Russell, R.G., Weiss, L.M., Tang, B., Jelicks, L.A., Factor, S.M., Shtutin, V., Tanowitz, H.B., Lisanti, M.P. (2003) Caveolin-1 null mice develop cardiac hypertrophy with hyperactivation of p42/44 MAP kinase in cardiac fibroblasts. *Am J Physiol Cell Physiol* **284**, C457-74.

503. Woodman, S.E., Park, D.S., Cohen, A.W., Cheung, M.W., Chandra, M., Shirani, J., Tang, B., Jelicks, L.A., Kitsis, R.N., Christ, G.J., Factor, S.M., Tanowitz, H.B., Lisanti, M.P. (2002) Caveolin-3 knock-out mice develop a progressive cardiomyopathy and show hyperactivation of the p42/44 MAPK cascade. *J Biol Chem* **277**, 38988-97.

504. Thyberg, J., Calara, F., Dimayuga, P., Nilsson, J., Regnstrom, J. (1998) Role of caveolae in cholesterol transport in arterial smooth muscle cells exposed to lipoproteins in vitro and in vivo. *Lab Invest* **78**, 825-37.

505. Fra, A.M., Pasqualetto, E., Mancini, M., Sitia, R. (2000) Genomic organization and transcriptional analysis of the human genes coding for caveolin-1 and caveolin-2. *Gene* **243**, 75-83.

506. Bist, A., Fielding, P.E., Fielding, C.J. (1997) Two sterol regulatory element-like sequences mediate up-regulation of caveolin gene transcription in response to low density lipoprotein free cholesterol. *Proc Natl Acad Sci U S A* **94**, 10693-8.

507. Field, F.J., Born, E., Murthy, S., Mathur, S.N. (2002) Polyunsaturated fatty acids decrease the expression of sterol regulatory element-binding protein-1 in CaCo-2 cells: effect on fatty acid synthesis and triacylglycerol transport. *Biochem J* **368**, 855-64.

508. Kim, H.J., Takahashi, M., Ezaki, O. (1999) Fish oil feeding decreases mature sterol regulatory element-binding protein 1 (SREBP-1) by down-regulation of SREBP-1c mRNA in mouse liver. A possible mechanism for down-regulation of lipogenic enzyme mrnas. *J Biol Chem* **274**, 25892-8.

509. Czarny, M., Fiucci, G., Lavie, Y., Banno, Y., Nozawa, Y., Liscovitch, M. (2000) Phospholipase D2: functional interaction with caveolin in low-density membrane microdomains. *FEBS Lett* **467**, 326-32.

510. Fielding, C.J., Fielding, P.E. (2000) Cholesterol and caveolae: structural and functional relationships. *Biochim Biophys Acta* **1529**, 210-22.

511. Dusserre, E., Pulcini, T., Bourdillon, M.C., Ciavatti, M., Berthezene, F. (1995) Omega-3 fatty acids in smooth muscle cell phospholipids increase membrane cholesterol efflux. *Lipids* **30**, 35-41.

512. Dubois, R.N., Abramson, S.B., Crofford, L., Gupta, R.A., Simon, L.S., Van De Putte, L.B., Lipsky, P.E. (1998) Cyclooxygenase in biology and disease. *Faseb J* **12**, 1063-73.

513. Fujino, H., Xu, W., Regan, J.W. (2003) Prostaglandin E2 induced functional expression of early growth response factor-1 by EP4, but not EP2, prostanoid receptors via the phosphatidylinositol 3-kinase and extracellular signal-regulated kinases. *J Biol Chem* **278**, 12151-6.

514. Dumais, N., Bounou, S., Olivier, M., Tremblay, M.J. (2002) Prostaglandin E(2)-mediated activation of HIV-1 long terminal repeat transcription in human T cells necessitates CCAAT/enhancer binding protein (C/EBP) binding sites in addition to cooperative interactions between C/EBPbeta and cyclic adenosine 5'-monophosphate response element binding protein. *J Immunol* **168**, 274-82.

515. Lazennec, G., Canaple, L., Saugy, D., Wahli, W. (2000) Activation of peroxisome proliferator-activated receptors (PPARs) by their ligands and protein kinase A activators. *Mol Endocrinol* **14**, 1962-75.

516. Rozengurt, E. (1986) Early signals in the mitogenic response. *Science* **234**, 161-6.

517. Hanasaki, K., Arita, H. (2002) Phospholipase A2 receptor: a regulator of biological functions of secretory phospholipase A2. *Prostaglandins Other Lipid Mediat* **68-69**, 71-82.

518. Nicolas, J.P., Lambeau, G., Lazdunski, M. (1995) Identification of the binding domain for secretory phospholipases A2 on their M-type 180-kDa membrane receptor. *J Biol Chem* **270**, 28869-73.

519. Li, L., Miano, J.M., Mercer, B., Olson, E.N. (1996) Expression of the SM22alpha promoter in transgenic mice provides evidence for distinct transcriptional regulatory programs in vascular and visceral smooth muscle cells. *J Cell Biol* **132**, 849-59.

520. Moessler, H., Mericskay, M., Li, Z., Nagl, S., Paulin, D., Small, J.V. (1996) The SM 22 promoter directs tissue-specific expression in arterial but not in venous or visceral smooth muscle cells in transgenic mice. *Development* **122**, 2415-25.

521. Bingham, C.O., 3rd, Fijneman, R.J., Friend, D.S., Goddeau, R.P., Rogers, R.A., Austen, K.F., Arm, J.P. (1999) Low molecular weight group IIA and group V phospholipase A(2) enzymes have different intracellular locations in mouse bone marrow-derived mast cells. *J Biol Chem* **274**, 31476-84.

522. Balboa, M.A., Balsinde, J., Winstead, M.V., Tischfield, J.A., Dennis, E.A. (1996) Novel group V phospholipase A2 involved in arachidonic acid mobilization in murine P388D1 macrophages. *J Biol Chem* **271**, 32381-4.

523. Reddy, S.T., Winstead, M.V., Tischfield, J.A., Herschman, H.R. (1997) Analysis of the secretory phospholipase A2 that mediates prostaglandin production in mast cells. *J Biol Chem* **272**, 13591-6.

524. Pruzanski, W., Stefanski, E., de Beer, F.C., de Beer, M.C., Vadas, P., Ravandi, A., Kuksis, A. (1998) Lipoproteins are substrates for human secretory group IIA phospholipase A2: preferential hydrolysis of acute phase HDL. *J Lipid Res* **39**, 2150-60.

525. Rooney, M.W., Yachnin, S., Kucuk, O., Lis, L.J., Kauffman, J.W. (1985) Oxygenated cholesterols synergistically immobilize acyl chains and enhance protein helical structure in human erythrocyte membranes. *Biochim Biophys Acta* **820**, 33-9.

526. Streuli, R.A., Kanofsky, J.R., Gunn, R.B., Yachnin, S. (1981) Diminished osmotic fragility of human erythrocytes following the membrane insertion of oxygenated sterol compounds. *Blood* **58**, 317-25.

527. Lelong, I., Luu, B., Mersel, M., Rottem, S. (1988) Effect of 7 beta-hydroxycholesterol on growth and membrane composition of Mycoplasma capricolum. *FEBS Lett* **232**, 354-8.

528. Fielding, C.J., Bist, A., Fielding, P.E. (1997) Caveolin mRNA levels are up-regulated by free cholesterol and down- regulated by oxysterols in fibroblast monolayers. *Proc Natl Acad Sci U S A* **94**, 3753-8.

529. Burr G.O. and Burr M.M., 1929, Anew dificently disease produced by the rigid exclusion of Fat from the diet.J.Biol.Chem.,**82**,345-367

.